装修锦囊

用对尺寸
好好住

灰糖 编

U0283933

江苏凤凰科学技术出版社·南京

图书在版编目（CIP）数据

装修锦囊：用对尺寸好好住 / 灰糖编. -- 南京：
江苏凤凰科学技术出版社，2021.6（2025.2重印）
ISBN 978-7-5713-1904-5

Ⅰ. ①装… Ⅱ. ①灰… Ⅲ. ①住宅－室内装修－建筑
设计 Ⅳ. ①TU767

中国版本图书馆CIP数据核字(2021)第080424号

装修锦囊　用对尺寸好好住

编　　　者	灰　糖
项 目 策 划	凤凰空间／刘立颖
责 任 编 辑	赵　研　刘屹立
特 约 编 辑	刘立颖

出 版 发 行	江苏凤凰科学技术出版社
出版社地址	南京市湖南路1号A楼，邮编：210009
出版社网址	http://www.pspress.cn
总 经 销	天津凤凰空间文化传媒有限公司
总经销网址	http://www.ifengspace.cn
印　　　刷	北京博海升彩色印刷有限公司

开　　　本	889 mm×1194 mm　1／32
印　　　张	5
字　　　数	112 000
版　　　次	2021年6月第1版
印　　　次	2025年2月第6次印刷

标 准 书 号	ISBN　978-7-5713-1904-5
定　　　价	39.80元

图书如有印装质量问题，可随时向销售部调换（电话：022-87893668）。

你也曾为这些装修问题苦恼吗？

序一

设计是一件伟大的事情，因为设计影响着你生活的方向

最早和灰糖的创始人老罗认识，是在一次线上的设计交流会上，当时灰糖才刚刚起步，他阐述的"家的态度与温度"深深地打动了我。老罗多次提到过"装修需要自我表达和自我需求"，这也正是我一直想要追求的一种状态。

作为在室内设计界从业十余年的老兵，我经常会听到很多朋友说，预算都花光了，但是仍感觉心里空落落的，总感觉还有很多东西没有买，还有很多东西没有装。这应该是大部分人装修后的状态吧。其实大家可以想一想，你为装修花过的那些钱，目的和原因是什么？这个房子的核心到底是什么？

装修这件事情如果完全地去复制粘贴，就失去了自己的标签。要知道，家是自己住的，不是给别人看的。设计需要解决的，就是人与空间的关系，在室内设计这个语境里面，这层关系来自于你自己的生活与这个空间的互动。

好的设计在某种程度上就等于好的生活，很多时候，你其实可以成为自己的设计师。

不同的人对于家的核心区域的理解是不同的，比如你可以以生活为核心，找出家的重点。有人喜欢把自己的爱好当成核心区域，比如可以将最大的可以利用的区域布置成绘画区、音乐区、插花区……

在装修之前，要考虑好家庭的重心在哪里，弄清楚家人的动线，如果书房是家人日常去得最多的地方，就要考虑规划一条方便去书房的动线。小至每一处收纳细节，都要根据自己不同的收纳习惯和物品来规划不同的收纳区域。

你还可以梳理家庭成员之间的互动关系，让家更温馨紧密。如果家里有小朋友，就要更多地去考虑小朋友的生活习惯和亲子互动区域，如果家里更多的是老人，就要考虑到对老人的关怀。为了孩子，我们不惜花很多钱，但是不要忘了，其实空间布置得好坏，可以直接影响孩子的成长过程。

要诚实地面对自己的生活习惯。不论是作为设计师还是作为屋主，你都要花点时间去真正地了解居住者的习惯和喜好，设计出适合居住者习惯和爱好的家。

以上，就是作为设计师的我要提醒大家的地方。这样的思考模式能帮你设计出真正属于自己的，能给你未来生活带去极大便利性的，并且能提高生活幸福感的空间。从这个角度来说，设计的价值一直是被低估了。

这本书通过通俗易懂的图文信息和简单的对话式图注，介绍了很多实用的尺寸信息、巧妙布置。无论你是刚拿到房子的业主还是想要从事这个行业的新手设计师，都会受益匪浅。

不妨就从今天开始，跟着这本书一起用尺寸推演出最适合你的家居设计吧。

王海

米特设计创始人

序二

装修前梳理需求，才能装出"好看又好住"的家

我是王志峰，互联网第三方装修监理公司"装小蜜"的创始人。之前有业主给我们提到过灰糖，这次受邀给他们这本送给业主的书写序，也是非常高兴的，我欣然接受了这个"任务"。

这本书传达的观念与我们之前一直在给大家灌输的观念一致：一位能把需求梳理明白的业主是装修顺利的基础。在监理过程中频繁出现的问题，以及很多装修过程中的苦恼，其实都有业主并没有梳理好自己的需求，盲目启动装修和不断变化需求的原因。这才是大家装修路上自己给自己设置的"拦路虎"。

在被网络美图轰炸大脑的时候，我建议大家先冷静下来，认认真真地梳理一下自己的需求，满足自己的需求往往比什么都重要。过了几年甚至几十年，你可能会厌倦家里的装修风格，但是合理的动线、为自己需求而打造的空间和设计是会让你越住越舒适的。

家里几口人居住？有没有小孩？未来几年会不会有计划要宝宝？是不是需要亲子空间？个人爱好有哪些？什么空间使用频率最高？……这些问题，都是一定要先于装修风格而考虑的。有人喜欢健身，会把闲置的客房打造成活动室；有人认为私人空间最重要，便不遗余力地去打造属于自己的那片天地；有小孩的家庭，还可以打造专门的亲子空间。所有装修的前提，都是居住者的需求，住得不舒服，再好看也不太划算。

梳理这些可量化和落地的需求，前提则是需要熟悉一些基础的尺寸信息和布局灵感。这样才可以合理规划整个空间，这一点做好了，一是能给你的生活带去便利，二是能在视觉上给你舒服的感觉。但很多朋

友在装修的时候都会忽略这一点，觉得"这不是施工方的事情吗？我了解这么多干什么"。其实不是这样的，这里是你的家，是你即将生活十几年甚至几十年的地方，将承载着你未来生活点滴的空间。如果尺寸不合理，或忽略了一些细节，你将会面临各种"不方便"，比如：衣帽间没有足够的穿衣空间，你需要拿着衣服出来穿；马桶和浴室柜间没有留出足够的距离，你起身和蹲下都会随时撞到浴室柜的边角；淋浴间太小，你不能随心所欲地搓澡……这时候，大多数人都不会翻新重来，也没有那个精力再重来一次，只能委屈自己将就之后的十几二十年了。

所以，装修自己家的时候还是要多上心，在一开始就想清楚自己的需求，并将需求提前梳理好，而不是盲目开工，之后又频繁地改变自己的需求。如果提前了解一些简单的尺寸和布局，那么在装修的过程中会省心很多，装修的过程也会更加顺利和轻松。

王志峰
互联网第三方装修监理公司"装小蜜"创始人

前言

这个世界上，似乎没有什么空间，比家更重要了

创立灰糖之前，我和大家一样是为装修发愁的业主。装修时我们会接触很多设计师，看很多"攻略"、很多文章，还有很多书籍，但是我们似乎很难找到站在"业主"的角度去阐述，而不是为专业的设计师打造的书。除了一些超一线城市那些真正有设计实力、带着新兴设计理念的设计师，很多时候设计师这个职业被大大地高估了。很多户型设计师还是带着常规的、非常传统的理念去设计户型，现代人的生活习惯，早已和20年前大不相同了，而20年前的户型却和现在的区别不大。

一个楼盘或一个小区，有上百套甚至上千套房子，但是户型却只有那么几个。也就是说几千个生活习惯完全不同的家庭，需要在相同的空间布局里生活。相同的户型，很难完全适用于每一个家庭。正因如此，房间需要去布置，去改造，去调整，让房子适应你的生活。

当你想要去调整或改造你的家时，要记住：房间是死的，面积是死的，墙壁是死的，但是布局是活的，家具是活的，想法也是活的。经常听一些有经验的设计师说："室内设计，就像戴着枷锁起舞。"没错，就算戴着枷锁，也要舞得优雅。正因如此，合理的家具布局和设计想法就显得尤为重要。

对于我们普通人来说，当面对人生中的第一次装修时，面对这个不熟悉的领域，不知道什么样的家居布局最适合自己，此时你可以试着用家里家具的尺寸反推出家居布局。在这本书中，你几乎能找到所有的常规家具和一些大型定制家具的尺寸信息。用这些尺寸信息，在你的户型中就能够简单地推演出合理的布局。本书还有一些奇思妙想、创意布局，也能给你提供很多关于布置自己家的好点子。读完这本书，也许你不能成为一个专业室内设计师，但是你一定能对自己家的布局

有一个粗略的概念和想法。

"玄关应该怎么做，鞋柜怎么样才是合理的？"

"传统的客厅怎么去做出改变来适应我的生活？"

"餐桌选多大的合适呢？"

"吊灯的高度多少合适呢？"

"中西厨是什么？厨房怎么布局才合理呢？"

"卧室怎样才能摆得下梳妆台？衣柜放床边还是床尾呢？"

"我家放得下浴缸吗？两分离和三分离哪一个更适合我？"

这些问题，从这本书里统统可以得到答案。有了这些常规的尺寸和布局信息，你甚至可以举一反三地不断推演出你家的布局，明确找出哪一种布局最适合自己，而不是在浏览了上百个案例之后，依然找不到哪个是最适合自己的设计。

对于家，那个你辛辛苦苦买回来的房子，它承载着你的生活，而你却对它重视得太少。我们应该用心布置一个让自己生活起来更舒服的空间，让"家"这个很有分量的词，在设计伊始更有意义。让"家"打上我们与家人的标签，它代表我们的生活，也住着对我们来说这辈子最重要的人。

在此书出版之际，特别感谢陪伴灰糖一路成长的江钰婷女士、编辑本书的王岱、骆丹，在这个浮躁的时代，能静下心写出对大家有帮助的文字并不容易。

罗珩
灰糖创始人

目录

"

手把手教你
玄关布局

玄关其实就是最早的"门厅"，是家的脸面。古时候的玄关利用屏风做遮挡，作为室内和室外的缓冲区，而现在的玄关更多的是发挥收纳的作用，令进门的空间变得整洁。那么玄关都有哪些布局呢？哪些布局更适合你家？柜子到底该做多大？

01"

玄关尺寸做对了，
原来可以收纳这么多东西！

玄关太让人头疼了，很多方案和类型
不知道怎么选。

没关系，所有的要点都帮你
总结好了！继续往下看吧。

鞋柜

确定鞋柜的深度

玄关是人们幸福生活开始的地方。玄关收纳最重要的就是收纳鞋子，其次才是衣服、包包和帽子等其他物品的收纳。比起十多年前，现在每个家庭成员的鞋子种类、数量都变多了。女性的高跟鞋、凉鞋，还有冬天的长靴，男性的皮鞋、帆布鞋都需要一个归宿。如果收纳不当，门口的鞋子就会被摆得到处都是。在说玄关收纳鞋子的鞋柜尺寸之前，我们首先就要了解清楚，你所收纳的鞋到底有多大？

一个普通成年人的脚长度为 225 ~ 285 mm。女式的鞋最大长度在 250 mm，男式的鞋最大长度在 320 mm。这样，鞋柜的标准层板深度在 350 mm 左右，就可以平放下 45 码以内的鞋。

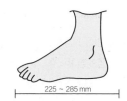

225 ~ 285 mm

250 mm

320 mm

鞋柜的类型

普通成品鞋柜

在电商平台上直接购买成品鞋柜，是最省心的办法。普通成品鞋柜的高度在 800 ~ 900 mm 之间，深度在 300 ~ 400 mm 之间（男性 42 码的鞋长 300 mm、高 150 mm）。

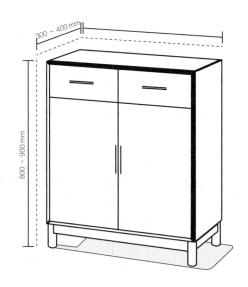

翻斗式成品鞋柜

家里空间小，放不下普通的成品鞋柜怎么办？翻斗式鞋柜是一个非常好的选择，比起普通的鞋柜，翻斗式鞋柜占有更小的面积，它的深度是 200 ~ 340 mm，单个翻斗式鞋柜的高度大概在 340 mm。但是翻斗鞋柜对于女性来说不是很友好，因为长靴根本放不进去！

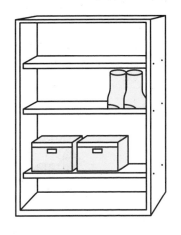
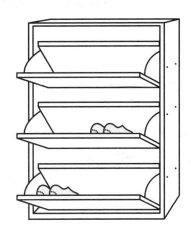

全屋定制柜体

搞卫生简直是当代年轻人的一大噩梦，毕竟有一种病叫"懒癌"！为了避免卫生死角，玄关定制柜体可以直接做到顶，柜体高度一般在 2200 ~ 2700 mm 之间，柜体的深度要根据空间来确定，一般在 300 ~ 400 mm 之间。

在全屋定制的时候，可以在柜体下面架空大概 160 mm，用来放置平时常穿的鞋子，这样进门换鞋就更方便啦。

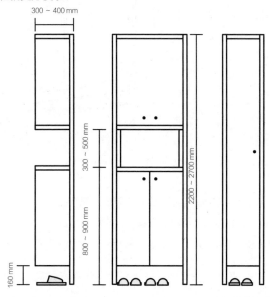

如果担心不常穿的鞋子放久了落灰，可以在鞋柜里面用鞋盒收纳哦。日常鞋盒的长一般女鞋鞋盒的宽度为 250mm，长度为 300mm；男鞋鞋盒的宽度为 270mm，长度为 350mm，那鞋柜的进深做到 400 mm 就可以安心放啦。

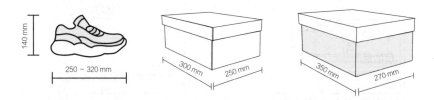

女性的高跟鞋、单鞋高度最高能达到150 mm，而男鞋一般较矮，在定制柜体时，可以参考女性的高跟鞋的尺寸，鞋柜上下层板的基准间距保留160 mm比较合适哦。特别要强调的一点是，别忘了预留一个高层的格子用来放女性的长靴子哦！

如果你对家中未来常住者的穿鞋偏好拿不准，那有一个实用的建议给到你：定制鞋柜的时候，尽量做成活动搁板，方便根据鞋子的高度任意调节，这样就可以更灵活地利用鞋柜的内部空间啦。

小贴士

▶人的最小通行距离为800 mm，在定制柜子的时候一定要注意在柜门打开的状态下，人能否正常通行哦！

▶在定制鞋柜的时候不要忘了在侧面留两个透气孔，以保障鞋柜内部的空气流通，避免滋生细菌。

▶在买翻斗鞋柜的时候，要注意在每一层的底部留有"流沙缝"或者"流沙孔"，这样有利于鞋柜的清洁。

置物层

在规划柜子的时候，很多人都会留一部分空间用来放置物品，比如钥匙、留言条、装饰摆件等小物件。通常置物台面距离地面800 ~ 900 mm，置物层预留高度为300 ~ 500 mm，深度与鞋柜的深度一致就好，宽度可以根据自己的需要来定。

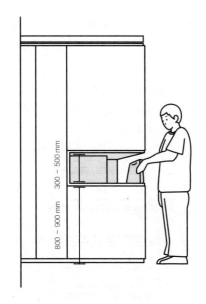

挂衣板、穿衣镜

在玄关处设置挂衣板是非常方便的，冬天在门口套上大衣就出门，回家进门就可以将大衣挂在玄关处，方便整理。挂衣板和穿衣镜可以设置在同一个隔间内，宽度为300 mm 的镜子完全够用，也可以根据自己的需求来加宽挂衣板的区域。

如果没有设置挂衣板，也可以选择落地的衣帽架，衣帽架的高度在 1750 mm 就足够了，底盘厚度一般为 25 mm。

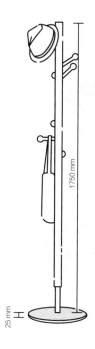

内嵌式穿鞋凳

害怕穿鞋的时候摇摇晃晃摔倒？这时候就应该安排上内嵌式穿鞋凳了，只需要留一个小小的能坐下的空间或者在鞋柜上方设计换鞋凳就可以。高度400 ~ 500 mm 是一个比较舒适的区间，深度建议在 350 ~ 400 mm之间即可。

弄清玄关的几种类型

如果能在玄关柜上做一个挂衣板和穿衣镜就更好了，但是我不知道具体要做多大的。

没问题！挂衣板和穿衣镜你都可以拥有的。

L 形玄关

如果在你家一进门的旁边或者正对着的区域有一个凸出来的空地，那么L 形玄关布局非常适合你，这个地方有着很大的发挥空间。

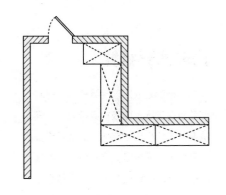

一字形玄关

一字形的玄关柜是最常见的玄关布局，在进门的通道处直接定制一排或两排大柜子就能满足你的收纳需求。

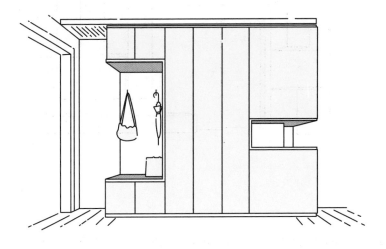

没有玄关？可以创造玄关呀！

国内很多户型是没有设计玄关的，这就需要你自己去创造一个玄关。

两边放柜

如果入户两边特别宽敞的话，就可以打造双边柜玄关了，直接在门的两侧定制通顶的大柜子，既美观又满足了收纳需求。

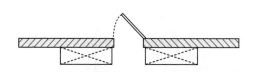

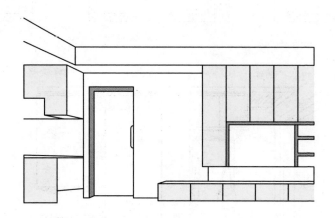

进门隔断

如果一进门就是敞开式的客厅，那么可以在进门的地方设置进门柜，形成空间上的隔断，起到保护隐私的作用。将玄关设计成"中间玄关，两边进人"的布局，让玄关有一种"藏"的韵味在里面。这样正符合了我国重视礼仪、讲究含蓄内敛的文化内涵。

①中间玄关，两边进人。

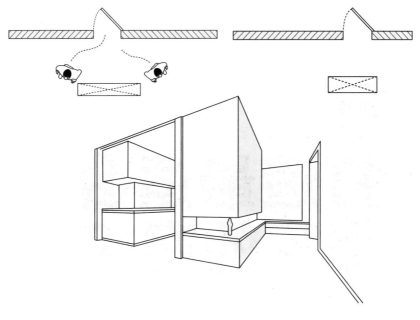

②在入门的视线直视区，增加一个景观台，既增加了美感又保护了隐私。

玄关，能给人们回家那一刻的仪式感。如果好好设计玄关，回家就会有满满的幸福感。为了每天回家能够"好好生活"，请精心设计你的玄关吧！

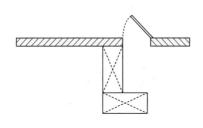

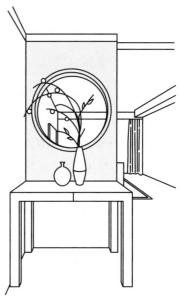

"
打造最适合
你家的客厅

客厅一直以来都是家里的"核心区域"，我们可以在这里和朋友们谈天说地，也可以在这里放松休息，闲下来的时候和家人在这里看看电影吃吃零食，是多么惬意！

但是装修客厅总会让我们头疼，我家的客厅沙发应该选多大的？贵妃位、双人位、三人位，我该选哪种？茶几该怎么摆才合适呢？

02"

这才是客厅最完美的长宽比!

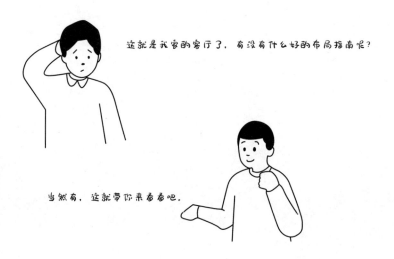

这就是我家的客厅了，有没有什么好的布局指南呢？

当然有，这就带你来看看吧。

沙发

沙发可以说是客厅的"颜值"和功能担当啦！但是再美的沙发，买回来不够坐，或者买回来放不下，岂不是很尴尬？所以要先了解好沙发和客厅的尺寸。

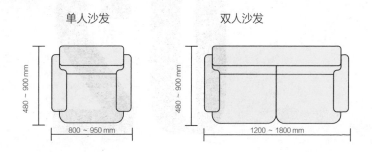

单人沙发

双人沙发

480 ~ 900 mm

800 ~ 950 mm

480 ~ 900 mm

1200 ~ 1800 mm

三人沙发

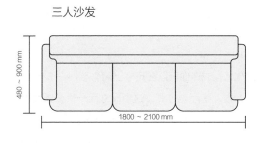

480 ~ 900 mm

1800 ~ 2100 mm

L 形沙发

1500 ~ 1900 mm

800 ~ 1100 mm

躺椅

躺椅一般宽为 850 mm，高为 820 mm 左右。脚踏一般宽度为 660 mm，坐深为 550 mm，高度为 450 mm。

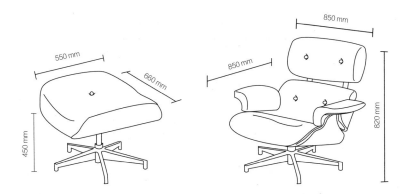

550 mm

660 mm

450 mm

850 mm

850 mm

820 mm

茶几

选对放好

如果你追求茶几的存在感，或许你可以在尺寸上用心哦！一个尺寸合适的茶几，既实用又具有美感，与沙发、客厅也协调。这个尺寸用一个公式就能搞定：0.618×沙发长＝茶几直径。要注意，测算茶几尺寸时 L 形沙发需要减去短边哦！

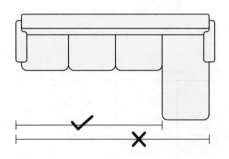

> ### 小贴士
>
> 尺寸选好了，就该进场摆放了。茶几和沙发之间的距离太远，拿取东西不方便；距离太近，人坐在沙发上时活动不便。**所以建议茶几和沙发外沿的距离保持在 400 ~ 550 mm 之间。**宽 1.3 m 以内小一点儿的客厅，摆放在靠近沙发一侧的窗边，不影响动线。宽超过 3 m 的大客厅可以考虑将茶几与沙发对向摆放。
>
>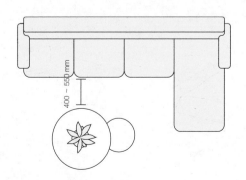

一说到客厅，人们就会想到"客厅传统三大件"，沙发、茶几、电视柜。但你有没有想过，如果弱化茶几的存在，客厅也许更符合现代人的生活习惯。

缩小茶几

如果没有了茶几，客人来家里需要泡茶怎么办？其实一个小小的边几就可以解决。轻便好移位，取拿也更方便，并且可以满足放置水杯、手机等小物件的需求。

小型的茶几不会有东西堆积的杂乱感，也不会严重阻碍客厅动线。各种好看的异型边几，还可以为客厅美观程度加分。

拿掉茶几

没有茶几意味着没有卫生死角，没有磕磕绊绊。更直观的是，没有了茶几做隔断，客厅空间瞬间就能得到释放。

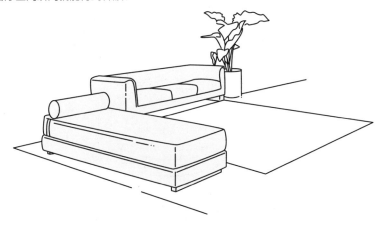

对于有小朋友的家庭，去掉茶几，客厅会瞬间变身为一个亲子空间，变成小朋友的"游乐场"。

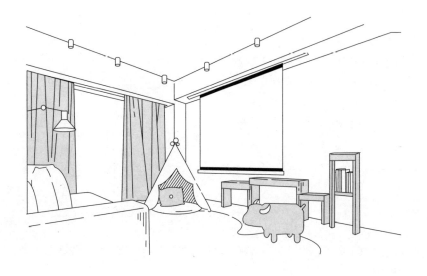

此外，在地上铺上地毯，放一两个蒲团，客厅还可以变身为一个完美的休闲空间。这时的客厅就不再是简单的会客区了。试着丢掉茶几，发挥你的想象力，创造更多可能。

落地灯

提升客厅的氛围当然少不了落地灯啦！
将一个简单的落地灯放置在沙发旁边，
就能完美地营造出温馨感。

落地灯的款式多种多样，但最经典和最
实用的还是极简落地灯。家用落地灯高
度一般为 1300 ~ 1850 mm，在摆放的
时候需要考虑到占位空间。

如果需要将落地灯应用到不同的场景中，
可以选购调节灯，这种灯的高度和灯罩
的角度都是可以随意调节的。

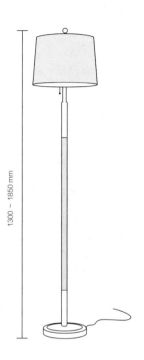

1300 ~ 1850 mm

视听尺度

我买了一台电视，
但是不知道沙发该和电视保持怎样的距离，
怎样摆放沙发和电视，才能使视影效果达到最好呢？

这就涉及视听尺度的问题啦！

电视柜

现在的极简电视柜一般宽度为 1800 ~ 2400 mm，进深为 400 mm，高度为 400 ~ 450 mm。

如果电视机摆放在电视柜上，最好在其左右再留出 200 ~ 300 mm 的距离。另外，电视柜的长度还应该考虑到墙面的长度以及能否和沙发搭配协调，电视柜的长短尺寸应该小于沙发的长短尺寸。

一般电视柜后面都会预留一个出线的洞洞用来留线，你所购买的电视柜的高度最好比插座位置高一些，这样能够挡住插座的位置，让整个墙面保持整洁。

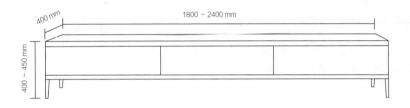

小贴士

电视柜的材质最好和茶几的材质一致，这样能让整个客厅的风格保持一致！

观影距离

喜欢看电视的家庭，需要注意最佳的观看距离和合理的电视高度，这样可以提升全家人的观影体验。

电视机的尺寸真不是随便选选的，电视机尺寸的大小直接影响观影体验，电视机尺寸和观影距离之间的关系可以参考下图。

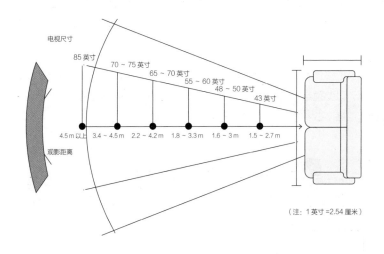

（注：1 英寸 = 2.54 厘米）

小贴士

电视机买大不买小

考虑电视机分辨率，请尽可能购买你能力承受范围内的最大尺寸。

我们发现，通常没人会抱怨自己家电视机太大了，但很多人在使用一段时间后，会觉得自己电视机买小了，不够大。

由于大部分我们看到的视频源都支持 4k 分辨率和 2k 分辨率，越大的屏幕越能带来优质的视觉享受。

（注：一般情况下，4k 分辨率即 4096×2160 的像素分辨率，2k 分辨率即 2048×1024 的像素分辨率）

电视机高度

舒适的观影角度应该是落座观影时眼与屏幕中心的离地高度相等，或眼离地面的高度高于屏幕中心 50 ~ 100 mm 时的观影角度。通常电视机屏幕中心应距离地面 1000 ~ 1100 mm。

客厅沙发的高度就成了一个重要的参考。测量一下你坐在沙发上时垂直视线到地面的距离，以此确定电视机屏幕的中心。这样确定好最佳的电视机高度后，基本就可以确定选择多高的电视柜，或者挂壁式的电视机要挂多高啦！

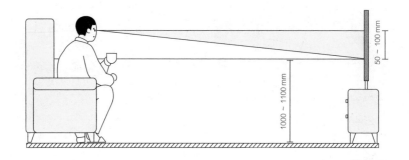

放弃传统电视机

如果没有看电视的喜好，为什么要花钱买一台电视机回家占位置呢？如果只是被"客厅三件套"的思想所影响，或许你还可以选择放弃传统电视机。

放弃传统电视机，你可以拥有更灵活的"观影"体验，比如使用投影仪又或者激光电视。因为通过投射比，我们可以根据房间实际情况调整画面大小。

和打开电视机不停换台，被动观看了 30 分钟广告插入后生出"砸掉电视机"的冲动比起来，在投影幕布上放映一部诺兰的烧脑片，可能更符合当代年轻人的生活方式。

幕布

现在家中多用 16：9 的幕布，2544 mm 的幕布挂到墙上，幕布投射范围的长度在 2214 mm，宽度在 1245 mm，大家在选择安装家庭影院的时候一定要预留好位置哦。

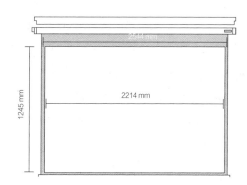

交流区布局

确定大致的尺寸需求后，就可以构思一下具体的布局了。

I+*n* 形

面积参考：<15 m²

容纳人数：3 ~ 4 人

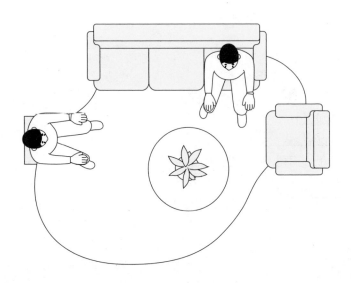

当客厅面积比较小的时候，不太建议选择较长的 L 形沙发，L 形沙发的短边处会阻碍一部分动线空间，因此建议首选 I 形的沙发，对空间不会有太高的要求。

如果觉得小型的 I 形沙发并不能满足待客需求，可以在侧面添加一两个单人沙发、脚凳或单人躺椅。当有客人的时候可以增加座位，解决了多人并排坐 I 形沙发时交流不方便的问题。

其实，添加类似脚凳、单人躺椅，甚至单人沙发的方式，对于面积较大的客厅也一样适用。面积较大的客厅中，如果只摆放 I 形沙发，容易让空间显得单调。这时候添加一两个单人沙发或单人椅，会让客厅空间变得更加舒服。

L+n 形

面积参考：15 ~ 20 m²

容纳人数：5 ~ 6 人

当客厅面积稍大时，可以选择 L 形沙发。因为 L 形沙发稍长，除了在沙发中心摆放
茶几，也可以在沙发的一侧摆放一个精致的边几，以方便放置水杯或者其他随手物品。
除了添加小边几，还可以在一侧添加一个单人位沙发，形成一个围坐式的交流空间，
这样空间不会显得单调，从而达到丰富空间的效果。

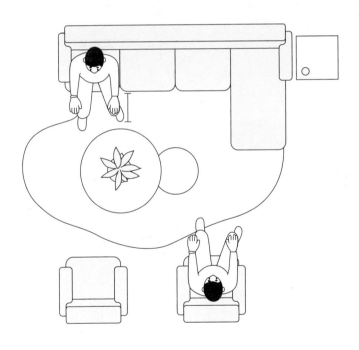

对坐式

面积参考：>10 m^2

容纳人数：4 ~ 6 人

如果家里人都不怎么看电视，更喜欢面对面交流，可以选择对坐式的沙发布局。

对坐式沙发可以是双人位的对坐式，也可以是三人位的对坐式，可以根据客厅的实际面积调整沙发的尺寸。

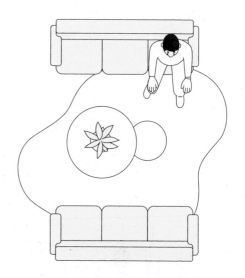

围坐式

参考面积：25 ~ 30 m^2（或更大）

容纳人数：8 人以上（或更多）

如果是大面积客厅，可以打造围坐式的客厅。一个大型的 U 形沙发，或 l+n 形的组合式沙发就可以搞定。

只是当客厅空间过大的时候，为了不让客厅显得过于单调空旷，可以增加小边几、落地灯等家居元素。

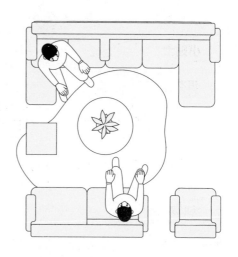

珥本风空间常会把电视墙做成整面展示架，或者在沙发区背后留出通道，再放置一面书架，摆放家里的书籍和藏品，朋友来家里时也是可以"秀"一波才（财）气的。

围坐式布局的客厅中，电视机的摆放位置可以灵活一点儿，可以选择放在多人位沙发的对面，这样的话可以保证多人的观影体验。

小贴士

珥本风

"珥本"（URBANE），是指集都市化与温文尔雅于一身的设计风格，是表示都市洗练、温文尔雅的形容词，最早是中国台湾的一家设计机构的设计语言，被提炼成"珥本风"。珥本风重视设计空间的内外层次及视觉的清透感，强调细部哲学与材料肌理的构成与运用，侧重表现色彩与留白的对比效果。

放弃沙发

放弃沙发，并不是不在客厅放置沙发，而是不按照常规做法摆放大型的沙发。可以用两个单人椅或懒人沙发代替，中间放一个小边几。这种形式的沙发，可以随意摆放，灵活运用，使空间大面积留白。有朋友串门时，能手捧热茶促膝聊一整夜。

这样的布局，可以留出大量娱乐空间，用来打游戏、拼乐高、听音乐、阅读，都是非常好的选择。

如果喜欢随意的坐姿，懒人沙发再合适不过了。

其实，客厅的布局，只要遵循"尺寸＋细节"的逻辑，就能得到一个还不错的效果，再根据实际情况和喜好去做调整就可以了。

我们在装修的时候，不要看到网上的美图就照搬照抄，不要一看到别人家好看的家具就不假思索地打造同款，一切都要根据自己客厅的实际大小和需求来决定！

大胆的客厅布局

推翻传统客厅三大件的布局，打造一个家庭式图书馆或者敞开式的活动室。不让看电视这个行为成为客厅活动的主导，而是更多的强调家人之间的互动。

让客厅这个功能已经非常模糊的区域，功能性变得明确。客厅可以是一个孩子的大型游乐场，可以是家里最大的亲子空间，也可以是一个以大功能桌为主导的核心区域。规划这种客厅，首先要明确家里最核心的需求是什么，然后再根据这个需求进行设置。

家，应该是为自己生活服务的，而不应该是随波逐流的。

"

餐厅这样布局，空间扩大一倍

餐厅对于家来说是一个非常重要的存在，"民以食为天"，没有什么比在家烹调美食更让这个家有烟火气了。

但是餐桌应该买哪种？餐桌和墙壁之间要留多大的通行距离？想要一个吧台，需要打多高？本章将为你解答这些问题。

03"

餐厅装修的这些尺寸，你一定得了解清楚了！

这个区域我准备摆一个餐桌，但是我家到底适合哪种餐桌呢？该怎么选？

别着急，让我来告诉你！

餐桌

长方形餐桌

长方形餐桌长度选择较多，一般为 1200 ~ 2400 mm。1400 mm 和 1600 mm 的最为常见，适合 4 ~ 6 人用餐的家庭。宽度多在 600 ~ 800 mm 之间。而高度就比较固定了，一般在 750 ~ 800 mm 之间，其中 750 mm 最常见。

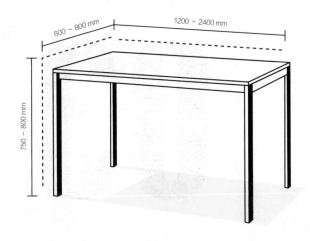

一般情况下，可以按照一个人占 600 ~ 750 mm 的宽度去选择餐桌的长、宽。这样的尺寸基本能保证我们用餐时双臂可以自由活动。

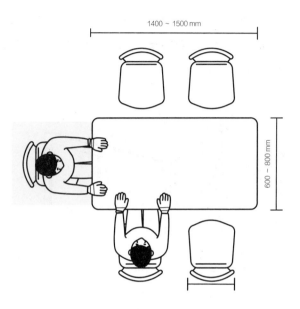

正方形餐桌

普遍情况下，正方形餐桌的边长在 700 ~ 1000 mm 之间，只适合空间比较小的餐厅。

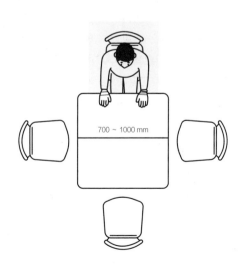

小贴士

正方形餐桌基本只能容纳 4 人，不适合人数太多的家庭。**如果实在喜欢方正的感觉，可以选择这种可伸缩的餐桌，当家里来客人的时候，可以把桌子伸展为长方形，这样可多容纳 2 人。**

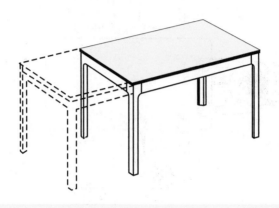

圆形餐桌

直径决定圆桌大小，可以根据自家平时的用餐人数选择适合的圆桌。一般情况下，三人位的圆桌直径 600 mm，四人位的直径为 800 mm，五人位的直径为 900 mm，六人位的直径为 1100 mm，七人位的直径为 1100 ～ 1250 mm，八人位的直径为 1300 mm。

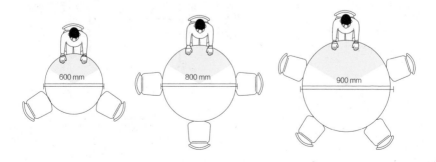

餐椅

那万一没有配套的椅子，我该如何去定制呢？

你只需要掌握好下面这几个要点就可以了。

普通凳子的高度为 450 ~ 500 mm，进深为 400 mm。虽然凳子的进深差异不大，但是凳子的进深会影响桌子周围的动线空间，所以最好做到心里有数。

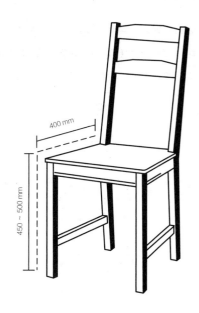

400 mm

450 ~ 500 mm

对于吧台来说，最重要的就是桌子和椅子的高度必须要匹配！不然桌子太高或者椅子太高，坐着就会非常累，并且在视觉效果上也会不好看。

700 ～ 750 mm

1000 ～ 1050 mm

小贴士

这里向大家分享一个技巧：在选购桌椅，特别是在自己定制桌椅的时候，可以根据椅面比桌子低 300 ～ 350 mm 的标准去制作。只是，因为餐桌桌腿的款式多样，餐椅能不能推进餐桌下，需要看餐桌和餐椅的具体款式。

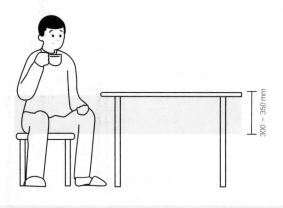

300 ～ 350 mm

餐边柜

餐边柜没有一个标准的尺寸，成品的餐边柜，高度可以在 450 ~ 500 mm 之间浮动，宽度可以在 800 ~ 1600 mm 之间浮动，进深一般在 300 ~ 400 mm 之间浮动。

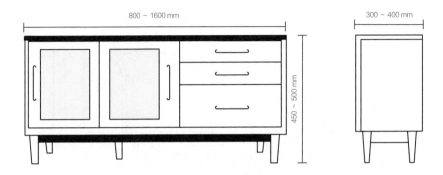

斗柜式

斗柜式餐边柜高度一般为 800 ~ 1200 mm。这样的餐边柜收纳空间集中在台面下方。

台面上除了摆放一些常用的物品外，还可以摆放一些小型装饰物。装饰物可以给餐厅空间增添更多的美感与趣味。

带高柜的多边柜

带高柜的餐边柜高度在 1200 ~ 1700 mm 之间。这样的餐边柜一般为三层。上方高柜可以存放一些杯具和美酒，相当于一个吊式酒柜，下方正常收纳，中间留出放置小家电的操作台。

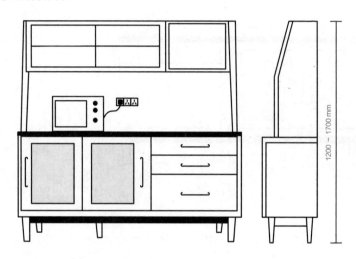

这样的餐边柜收纳空间更大，很适合喜欢品酒、泡咖啡、做西餐的朋友。所以，在选择餐边柜的时候，并不仅仅是考虑尺寸，还要根据自己对餐厅收纳的需求以及爱好来进行选择。

吊灯尺寸选多大？

大型吊灯

大型的吊灯，吊得太低影响交流视线，吊得太高，又没有温馨的用餐体验。所以建议大型吊灯距离桌面 1200 ~ 1500 mm。

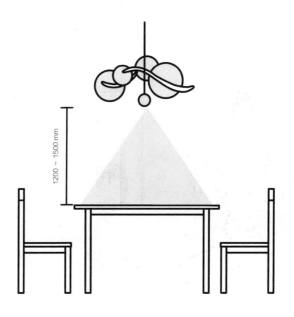

1200 ~ 1500 mm

小型吊灯

小型吊灯的高度过高，光线不够聚集，也会失去较多的美感，所以建议小型吊灯距离桌面 500 ~ 700 mm。这样不仅能增强用餐者的食欲，还能更好地烘托用餐氛围，令整个餐厅的美观度直线上升。

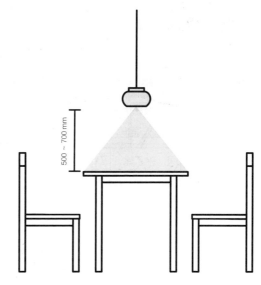

500 ~ 700 mm

就餐区布局

那餐桌和餐边柜怎么摆放，才能有合适的活动空间呢？

你的疑惑都能被解决。
继续往下看吧！

独立餐桌式

最普通的餐厅形式是餐桌与餐边柜独立摆放的餐厅。这样的布局需要注意在餐桌和餐边柜之间留出足够空间用于摆放餐椅和供人来回走动。

桌子旁边预留至少 700 mm 的动线空间，如果餐厅空间宽裕，还可以考虑在椅子背后留出 600 mm 的过人通道。

餐桌和餐边柜之间，除了保证 700 mm 的椅子活动区，如果空间允许，还可以多预留出 400 mm 的拿取空间。

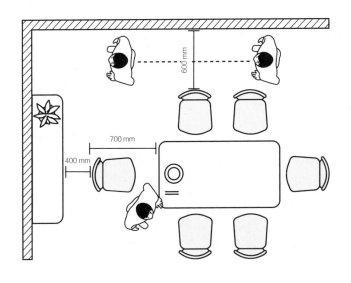

卡座餐桌式

除了传统的餐厅布局，还可以请木工打造卡座，营造一个卡座式餐厅。

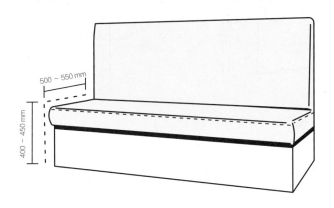

卡座背后临墙，考虑到舒适度，进深需要比普通凳子大一些，一般在 500～550 mm 之间。坐垫到地面的高度一般为 400～450 mm。桌子的高度在坐垫高度的基础上加 300～350 mm 即可。长度可以参考普通长方形餐桌，根据就餐人数决定。

卡座可以是一面临墙的一字形卡座，也可以是两面临墙的 L 形卡座。相对于传统的餐厅布局，卡座式餐厅节约了一部分餐椅和过道所需的空间。但是卡座不像传统餐椅一样可移动、更换，所以最好在打造卡座之前做好尺寸规划。

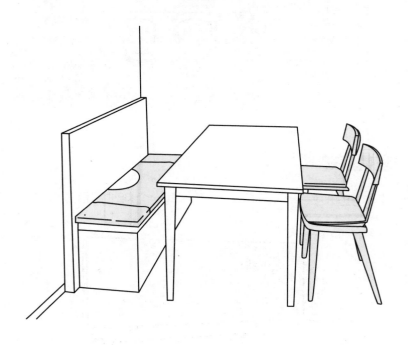

岛台式餐厅

最近很流行的岛台式餐厅的布局就是用岛台连接餐桌。日常可以根据用餐时间、人数等情况选择在岛台上用餐或者在餐桌上用餐。

岛台和餐桌会有个高低差，在这个高低差的立面可以放置插座或者轨道插座。

这样的插座，两边都能使用，不管是日常用厨房小家电还是在家里聚餐时大家一起吃火锅，都非常方便。建议餐桌的宽度和岛台保持一致，这样看着会更加整齐。

"
玩转你的厨房，尺度才是王道

最能体现出家里生活气息的地方是哪里呢？那当然是厨房了。每天可口饭菜都诞生在厨房中，它和我们的生活密切相关，作为一个吃货，每天最开心的莫过于守在厨房，看着一道道美味的佳肴在锅与铲的碰撞中呈现！

那什么样的厨房布局最适合你家呢？橱柜要做多大？冰箱要预留多少空间才够呢？

04"

厨房设计中需要了解的基础尺寸

我非常喜欢做饭，厨房是我比较关心的一个区域。

但是我不知道有没有必要做西厨？橱柜做多大合适？

不用焦虑了！

适合自己才是最重要的，和我一起往下看吧！

台面高度

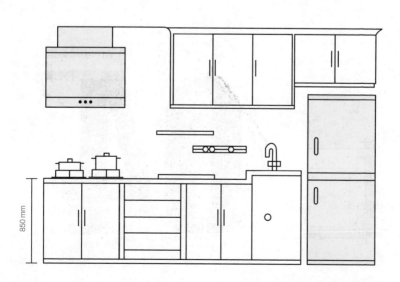

850 mm

台面高度为经常下厨人员身高的一半，一般在 850 mm 左右，也可上下浮动 5 ~ 10 cm；对于水槽台面，基于使用习惯，可以抬高 100 mm，这样能减小弯腰的程度；厨房吊柜下沿距离操作台面的高度建议至少 750 mm，具体根据下厨人的身高进行合理调整。厨房台面的宽度在 600 ~ 700 mm 之间，标准吊柜深度在 250 ~ 350 mm 之间。

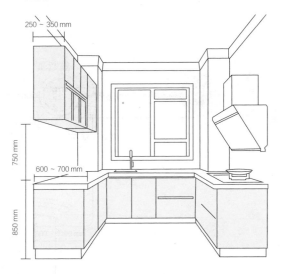

厨房橱柜基本为平开门或者抽屉式，门宽度没有特定要求，370 ~ 450 mm 的宽度在视觉上会更和谐。

小贴士

做吊柜的时候要考虑清楚，是要做到顶还是不做到顶。

做到顶的优点是容易清洁灰尘和油烟，缺点是费用高昂。

不做到顶的优点是花费不高，缺点是容易落灰，受油烟污染严重。

厨房插座高度建议离地 1000 mm。由于小家电的使用，插座的规划是没有办法做到完美的，在这时候，轨道插座就可以完美解决这些问题。

在尺寸的选择上，可以根据自己台面的大小和对电器的需求进行选购，轨道的长度为 400 ~ 2000 mm，轨道的长度越长，可适配的插头就会越多。在选购的时候要根据台面对应的墙壁宽度，并且结合自己的需求来选择，但是为了未来的需求，建议还是多预留一两个插头的位置，轨道买长一点也没有关系。

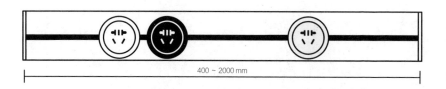

400 ~ 2000 mm

升降插座

现在升降插座的购买率很高，一般用来装在餐桌上，需要使用的时候升起来，不使用的时候直接降下去隐藏。在家里吃火锅、吃烤肉时再方便不过了。

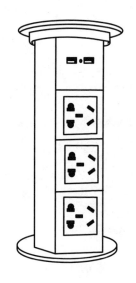

冰箱

冰箱如果放在厨房，就要做好冰箱尺寸的
预留。高度预留在 1750 ~ 1800 mm 为宜。

单开门冰箱

普通单开门冰箱宽度一般在 650 mm 左右，
进深预留 650 mm 左右即可。

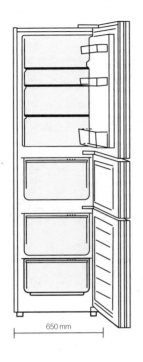

650 mm

小贴士

冰箱压缩机

冰箱压缩机的放置方式，在很大程度
上决定了冰箱体积的大小。很多人疑
惑有的日系冰箱为什么"薄皮大馅"
（体积小，容量大），这是因为压缩
机被置顶放置了，这样就使整个冰箱
的容量增大啦！

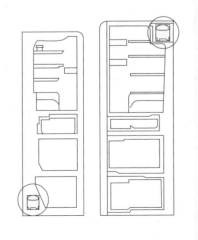

对开门冰箱

对开门冰箱的宽度为 900 ～ 1100 mm，两侧至少各预留 50 mm 的空间，进深预留 750 mm 左右。冰箱型号不同放置要求不同，需要预留的散热空间也不同，大家选购时要注意哦。

多开门冰箱

多门冰箱有两种形式：十字门和多门，它们的宽度在 700 ～ 900 mm 之间，进深在 666 ～ 700 mm 之间，一般会超出台面一点儿，为了不影响开门，当然也可以选择超薄款冰箱，和台面齐平。

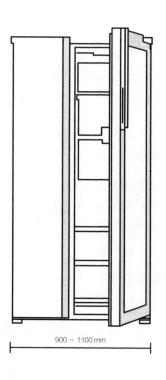

900 ～ 1100 mm

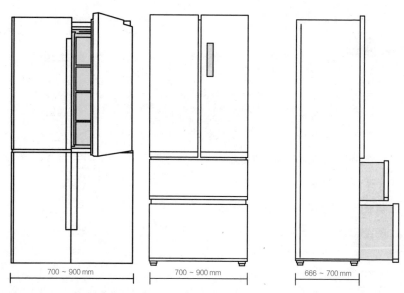

700 ～ 900 mm

700 ～ 900 mm

666 ～ 700 mm

灶台

灶台台面的高度与水池的高度基本一致时即可保证操作的舒适性。炉灶的位置最好近窗或紧贴外墙面，这样，抽油烟机通风管道的长度就可缩减到最小。

双眼灶台

中式厨房灶台用得最多的就是双眼灶台，且都是嵌入式的。由于不同品牌、不同型号燃气灶的外形会有所不同，对应的灶台开孔尺寸也就不一样，所以在灶台开孔之前一定要和安装师傅确认燃气灶的尺寸。

比如双眼燃气灶外形尺寸为 748 mm×405 mm×148 mm，挖孔尺寸在 680 mm×350 mm。

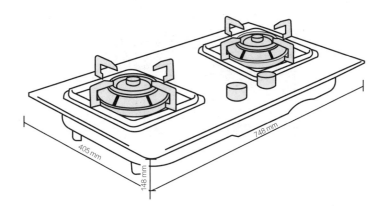

集成灶

因为一体式的集成灶非常方便，所以现在买集成灶的人也越来越多了。

集成灶的宽度一般为 900 ~ 920 mm，深度为 600 ~ 800 mm，高度为 600 ~ 1300 mm，建议大家在装修厨房之前就把集成灶选好，这样可以更好地预留空间。

在很多传统厨房中，灶台下面常安置碗柜或者消毒柜，其实蒸烤箱的实用性要远远大于普通的碗柜和消毒柜，总体来说集成灶是一个性价比较高的选择。

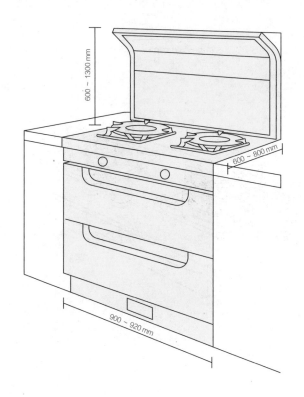

抽油烟机

侧吸式

安装侧吸式抽油烟机时要确保抽油烟机的底部与灶台的距离为 350 ～ 400 mm。

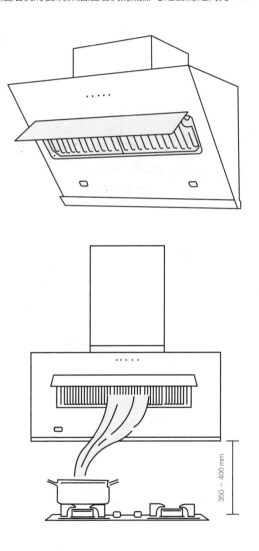

顶吸式

顶吸式抽油烟机的安装高度一般为抽油烟机底部离台面 700 ~ 750 mm。

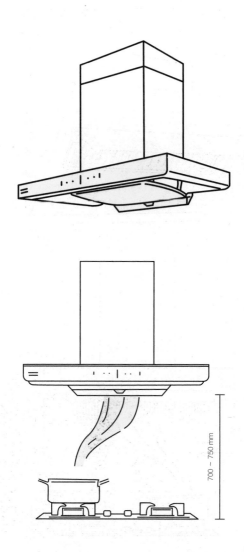

700 ~ 750 mm

水槽

选择水槽深度时，应确保操作者直立、稍前倾、手臂微弯时手指都能触到池底。

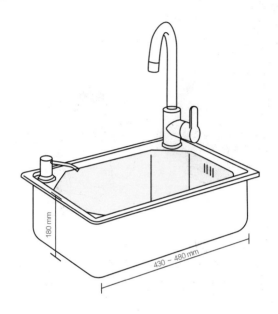

180 mm

430 ~ 480 mm

水槽的合理宽度为430 ~ 480 mm；双台盆水槽的宽度为860 ~ 960 mm；水槽深度大于180 mm比较适宜，这样可以防止水花飞溅。

中式料理的锅很大，选择双槽时，一定要注意能不能放下你家的锅，如果不能，那还是选择大单槽更实用。

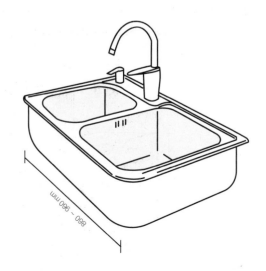

860 ~ 960 mm

烤箱

如果我想要烤箱或者洗碗机的话，我需要预留多大空间呢？

大部分品牌嵌入式烤箱的尺寸会有一些出入，具体多大就往下看吧。

因为各个品牌的烤箱尺寸不一，所以最好在预留烤箱尺寸之前就定好要购买哪一款烤箱。嵌入式烤箱的常规尺寸：宽为 595 mm，进深 545 ~ 560 mm，高为 595 mm。

橱柜留孔确保深大于 555 mm，高 580 ~ 595 mm，宽 560 ~ 595 mm（留孔的具体高和宽依半嵌入或全嵌入的情况和烤箱的具体尺寸来定）。

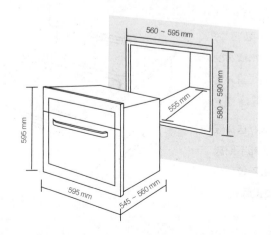

烤箱可以摆放在地柜下方，也可以使用高柜，摆放在高柜中间。

从使用上考虑，烤箱摆放在高柜中间时更加符合使用习惯，不过这需要有足够的空间来布置你的高柜。小户型的厨房，一般不会有空间布置高柜，这样的话，可以采取中西厨的布局，将一部分厨房延伸到客厅、餐厅里面，向客厅、餐厅借一点空间来设计你的中西厨。

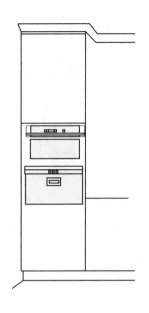

洗碗机

现在很多家庭开始选择嵌入式洗碗机了，常规来说 13 套的洗碗机，橱柜尺寸需要预留的高度、宽度、深度分别为 800 mm、600 mm、600 mm。

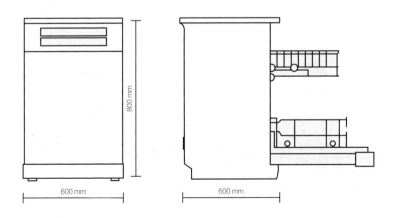

中式厨房布局

厨房布局那么多，什么样的布局才适合我家呢？

不急不急，

我这就把各种布局列出来给你看。

*（以下均为最小尺寸建议，可以根据自家厨房尺寸合理调整）

厨房动线

建议按照"取菜—洗菜—备菜—炒菜"的操作流程设置动线，避免造成操作时的动线交叉。

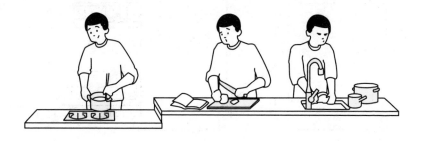

活动区进深建议至少为 800 mm，若要方便两人同时做饭，建议进深至少1200 mm。

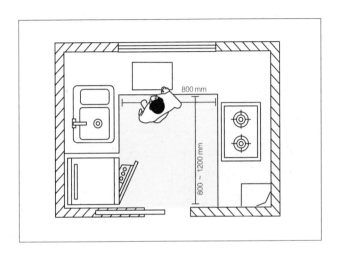

每个操作台面区进深和宽度至少达到 600 mm。

I 形厨房

如果你家的厨房是狭长形，那么建议装修成I形厨房。洗菜、备菜、做菜几个操作都在一条直线上进行。但是这样的厨房本来进深就不大，两人共同备餐时，空间就会显得比较拥挤。

① I形厨房的动线就是直线，所以直接按照"洗菜—备菜—做菜"的操作流程设置台面区，尽量不要出现动线交叉。

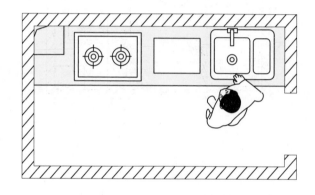

② 如果宽度足够容纳家里的冰箱，还可以考虑把冰箱放在水槽旁边，这样取出菜品直接进行清洗，操作非常便利。

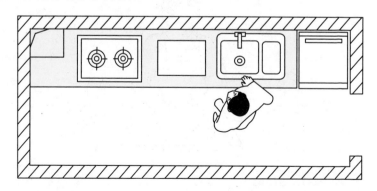

L 形厨房

如果你家厨房宽度不足以并排容纳所有操作台面，那么就可以尝试 L 形厨房了。这样的形式对长、宽没有特别大的要求，可以说是最常用的厨房布局了，一般的家庭都能打造。

① 把水槽设置在短横处。

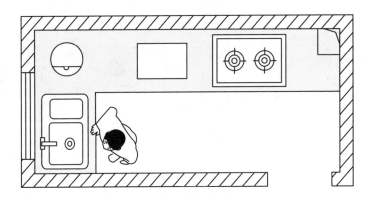

② 把灶具设置在短横处。

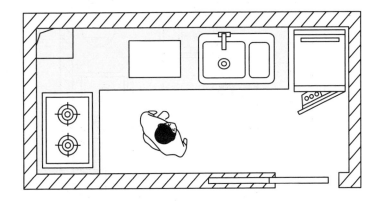

U 形厨房

U 形布局比较适合偏方形的厨房，因为三面临墙，操作空间相对来说比以上两种布局更宽敞。橱柜收纳空间也相对较多。

因为 U 形厨房会涉及两面橱柜，所以中间活动区预留进深要尽量大于 1200 mm。

①在 U 形动线上按照"取菜—洗菜—备菜—做菜"流程——设置台面。这样设置动线比较流畅。

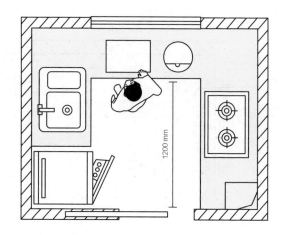

②如果把水槽设置在短横处，还可以同时照顾到洗菜区和烟灶区的清洗。

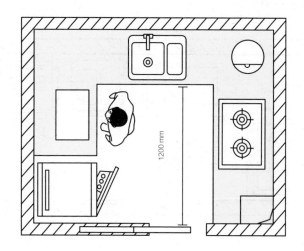

Ⅱ形厨房

Ⅱ形厨房和 U 形厨房相似，适合厨房空间宽敞的户型。这种布局的厨房通常设置成一面是备菜的操作台，一面是做菜的灶具台，还可以设置厨房电器的收纳区。

当厨房连接阳台门口，且门口两侧操作空间的间距能达到 600 mm 以上时，打造成这样的厨房形式会更加好看。

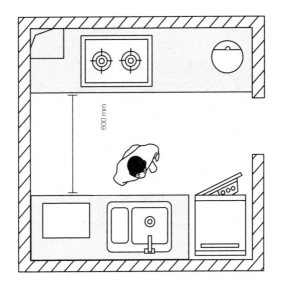

小贴士

烟灶区要尽量安排在烟道一侧。虽然每个家庭的厨房面积不完全相同，各种形式的厨房布局也不完全受制于尺寸，但是完全脱离尺寸聊布局是不现实的！

岛台式厨房

岛台式厨房布局是现在比较多见的一种布局，如果厨房区域面积比较宽敞，就可以选择利用岛台来打造一个开放式厨房。厨房中岛台长度为 1200 ~ 1400 mm 时比较合理，但是具体还要看整体空间的搭配效果，高一般为 800 mm，不过在国内，很多人把岛台作为岛台餐桌使用，高度为 900 ~ 1100 mm。

小贴士

开放式厨房的意义

开放式厨房的意义在于让闭塞的厨房和家变成一个整体，让做饭这件事成为家人交流的一部分，而不是面壁思过般在封闭的空间独自做饭。具有开放式厨房的户型，在很多城市不具备开通燃气的条件，需要提前和燃气公司确认。

中西厨布局

为了适应当代年轻人的用餐和烹饪习惯，还有一种非常流行的厨房布局，那就是中西厨的布局。

中西厨布局是将厨房分割成两个部分：

① 做热餐所使用的中厨部分，一般做成封闭式的，可以用玻璃门做隔断。

② 做冷餐和烘焙所使用的西厨部分，一般和客厅连在一起，成为餐厅的一部分。

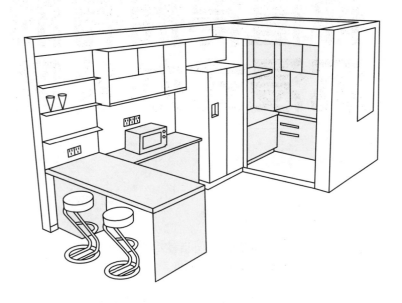

合理的厨房布局能让做饭更便捷和高效，将每天都要去的区域好好布置一番，也能为平淡的日子带来一些乐趣！

"

你值得拥有的
沉浸式办公区

"工作是工作，生活是生活"这句话虽然得到了很多人的认同，但是很多时候两者是很难分开的。

对于当代年轻人来说，来自同辈的压力也会促使他们更加专注于学习和提升自己，所以当工作和生活没有办法完全分开的时候，不如坦然地接受，将工作环境变得好一点，也能让生活变得更惬意。

那么该怎么打造办公区呢？没有专门的书房也能拥有办公区吗？两人一起办公需要多大的空间？

05"

要文艺更要实用，
书房的一般尺寸

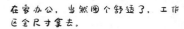

我平时在家有办公的需求，那我该如何打造我的工作区呢？

在家办公，当然图个舒适了，工作区全尺寸拿去。

桌面尺寸

一般来说桌面的进深为 600 ~ 750 mm，按照人体坐下的高度，桌子的高度为 720 ~ 750 mm。

桌面的长度是根据屋主对工作区的不同需求进行设计的，单人工作台长度为 680 ~ 750 mm 就足够了，双人工作台的长度为 1360 ~ 1500 mm，因为还要考虑到两个人并排坐时中间要留有一定的间隔，这样才能保证工作的舒适度。

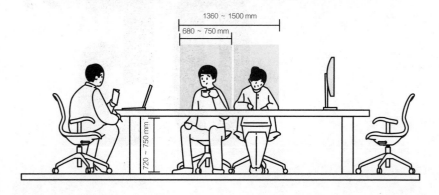

如果要在桌面上放置台式电脑，则至少需要 800 mm 的长度才够，进深在 600 ~ 750 mm 之间。

台式电脑主机位置的宽度要预留 180 ~ 200 mm，高度至少要预留 450 mm，桌子深度最好是比主机深度多一点。

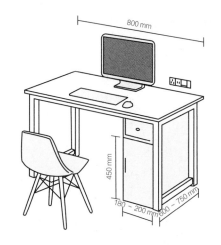

小贴士

如果配备台式电脑的话，最好在旁边的墙面上设置插座。插座最好布置在桌面上方 100 mm 左右的墙面上，这样用起来会比较省力。

座椅尺寸

在座椅的选购上，建议大家选择人体工学椅或者有舒适坐垫的椅子，这样即使久坐也不会对身体造成太大伤害。座椅的高度建议在 350 ~ 510 mm，这样坐的时候能够保证一个最舒服和正确的坐姿。

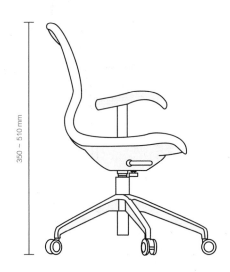

升降办公桌

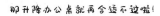如果我想站着办公,该怎么办呢?

那升降办公桌就再合适不过啦!

升降办公桌的高度在 700 ~ 1200mm,这样才能保证坐着和站立都可以舒适地办公。

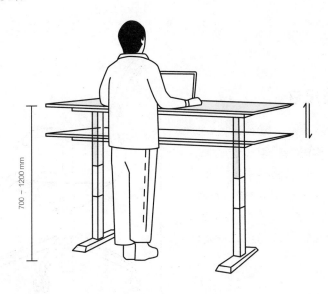

墙面收纳架

一个成年人在坐着的时候，手向上活动的范围大概是桌面上的 380 ～ 700 mm，这样才能保证坐着可以拿到放在收纳架上的东西。但是具体尺寸还要根据个人的身高和手的长度来决定。

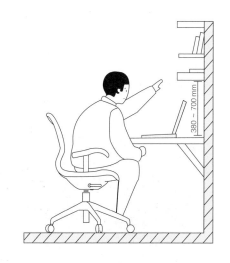

工作区布局

封闭式工作区

如果你的工作需要安静思考，工作时不想被人打扰，那么封闭式的工作区比较适合你。如果一开始没有准备作为书房的房间，其实也可以将平时使用频率比较低的次卧改造成书房。

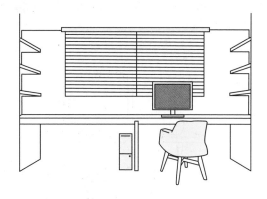

半开放式工作区

半开放式的工作区比较适合屋主在家里做一些轻松的工作，既可以在家工作，又可以和家人有一个互动。常见的半开放式工作区是由客厅或者阳台的一部分空间改造而来的。

全开放式工作区

现在越来越多的年轻人喜欢全开放式的工作区，因为装修起来比较简单，并且在不工作的时候，该区域还可以作为娱乐空间，被当成一个多功能空间来看待。

这样的做法比较适合 2 人居住的户型，与其说这里是工作区，不如说是与娱乐空间连通的区域。

其实生活和工作能完全分开固然是好，但是分不开也不必沮丧，我们可以通过自己的方式愉快地将工作融入生活呀！

"

卧室家具尺寸及布局细节

据统计，人在床上度过的时间约占人一生的三分之一，给自己舒适的睡眠环境是非常重要的！卧室的环境能直接影响到我们的睡眠质量，所以对待自己休息的地方还是需要花一些心思的。

床应该怎么摆放？床垫应该怎么买？想在床上看电视，电视机该放多高？

06"

你的卧室需要什么尺寸的家具，你真的了解吗？

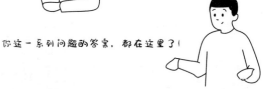

卧室中，我的床要怎么摆呢？床头柜该怎么选？衣柜要怎么设计呢？该怎么去规划呢？

你这一系列问题的答案，都在这里了！

床

床买小了，睡着不舒服；买大了，床头柜和衣柜等一系列家具的空间都会被压缩，卧室动线也会受到直接影响。

一般儿童房，会选择单人床，标准尺寸为 1200 mm×2000 mm 或 900 mm×2000 mm。其他房间用得最多的还是双人床，标准尺寸为 1500 mm×2000 mm 或 1800 mm×2000 mm。

单人床床垫

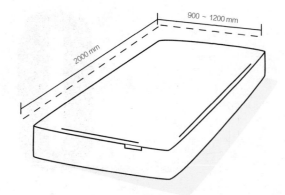

900 ~ 1200 mm

2000 mm

双人床床垫

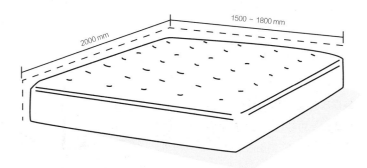

我们说的这些尺寸，指的都是"床垫"的标准尺寸。放上床架、加上软包后，整个床的长、宽都会增加，所以在规划床的尺寸的时候一定要大于标准尺寸。

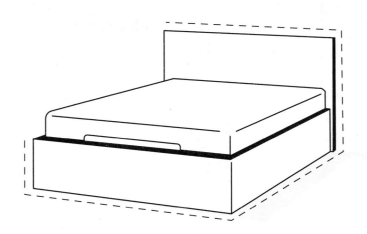

床头柜

床头柜的宽度在 400 ~ 600 mm 之间，深度在 350 ~ 450 mm 之间，高度在 500 ~ 700 mm 之间。

相对于深度和高度，床头柜的宽度在规划家具摆放时最应该引起重视，因为床头柜的宽度可能会影响衣柜柜门的正常开启以及拿取衣物是否方便。

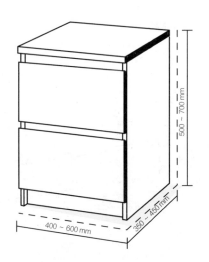

衣柜

衣柜的深度会直接影响卧室长、宽的规划，从而影响卧室动线以及其他家具的摆放，所以在规划尺寸的时候，要对衣柜的深度有个概念。

根据衣服的肩宽，为了确保挂上衣服后柜门能够关严，衣柜的进深一般都设计在 550 ~ 600 mm 之间。

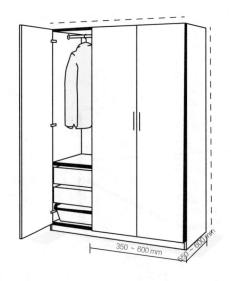

小贴士

对开门衣柜柜门的宽度为 350 ~ 600 mm，但 450 mm 的宽度更为常见。所以为了保证衣柜门能完全打开，衣柜和床头柜之间尽量留出 450 mm 的空间。

电视柜

如果在卧室摆放电视柜，电视柜的进深会占据一部分动线区域，所以我们也需要知道电视柜的深度，再根据卧室宽度决定是否摆放。

电视柜的进深为 350 ~ 450 mm，其中 400 mm 的更常见。

梳妆台

梳妆台进深一般为 400 ~ 500 mm，宽度一般为 600 ~ 1200 mm。

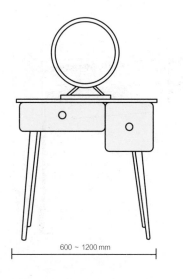

600 ~ 1200 mm

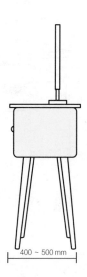

400 ~ 500 mm

化妆凳的宽度为 380 ~ 450 mm，进深为 300 ~ 400 mm，高度为 350 ~ 450 mm。甚至我们还需要考虑坐着化妆时凳子和双腿所占用的动线空间。

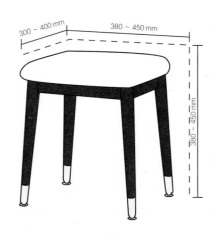

如果没有坐凳占据空间，不坐着化妆，那么会节约 500 mm 的进深空间，我们还可以用斗柜代替化妆台。

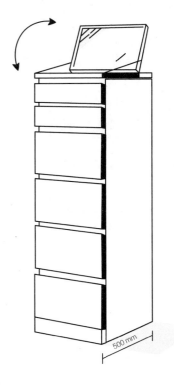

站着化妆，不会有凳子占用空间。重点是收纳能力也得到了提升，再多化妆品都可以放得下。有的斗柜还自带镜子，收放自如，使用起来也是很方便的。

卧室空间布局

谁不想天天在舒服的卧室里做美梦呢？好好布置卧室也是对自己的一种尊重，精心设计的卧室能让休息成为一件充满幸福感的事。

床

单面临墙

最普遍的卧室布局是床单面临墙摆放。动线呈 U 形，这样的动线下，两人上下床都很便利，不会互相打扰。但是为了保证 600 mm 宽的动线区域、柜体的摆放，以及衣柜门的正常开启，卧室的长至少要达到 3950 mm。

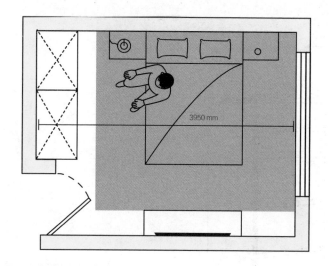

两面临墙

如果达不到或不能三面都留出 600 mm 宽的动线区域，床的摆放则适合两面临墙，这种布局适合小卧室。对卧室的要求是长度只需达到 2950 mm。但是这样会对靠墙睡的那位造成上下床的不便哟。

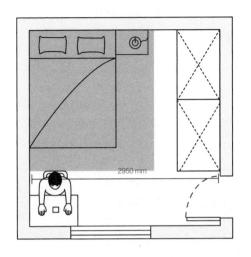

衣柜

靠近床尾

衣柜进深一般为 600 mm，床尾和衣柜之间要留够 600 mm 宽的活动区（已经能保证宽为 350 ~ 600 mm 的平开柜门全部打开），再加上床至少长 2000 mm。所以想将衣柜放在床尾，最好确认卧室宽度能达到 3200 mm。

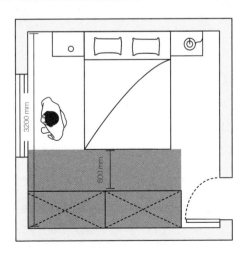

如果卧室宽度达不到 3200 mm，最好还是放弃吧。成品衣柜还好，可以移动，如果是定制衣柜，完工了，那可就几乎动不了了……

靠近床头

如果衣柜靠近床头摆放，容易出现床头柜挡柜门的情况，所以衣柜和床头柜之间最好预留 450 mm 左右的距离。

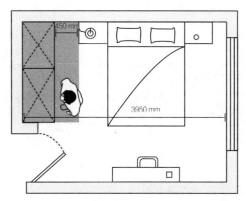

这样一来，600 mm 的衣柜进深、450 mm 的拿取空间、500 mm 的床头柜宽度、1800 mm 的双人床宽度，以及床另一侧 600 mm 宽的动线空间，加起来卧室的长需要达到 3950 mm 才可以这样摆放。

如果卧室长度不足以留出 450 mm 的开门空间，那就从床头柜上下功夫吧。

床头柜

如果卧室长度不够，床头柜很容易影响衣柜柜门的正常开启，就算衣柜做成推拉门的，也会导致拿取很不方便。这时候，就要考虑床头柜如何摆放了。

只放一个：在床的另一侧摆放一个床头柜。不过，这样会损失一定的收纳空间。

放墙上：上墙置物架不仅同样具有收纳功能，还可以成为卧室里一个很好的装饰。

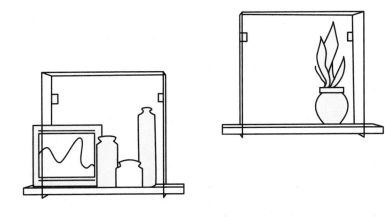

不放：现在市面上还有一种口袋床，可以将物品直接收纳在床上。

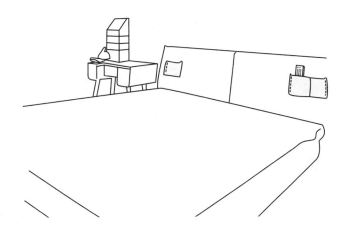

换小的：用小型床头柜或者小边几代替床头柜，这样可以减少对衣柜柜门的阻碍。

其实，多搜寻一些异型床头柜，你会发现这些实现收纳功能的小物件，也可以非常好看。

随着参与装修的年轻人越来越多，新的思维不断涌入。很多时候，我们其实不需要标准的床头柜了，很多东西都可以代替床头柜，也能让整个空间变得更个性。

可以打造这样的多功能展示架：上面两层用于摆放物品；加上一把椅子，下面一层可以当作简单的书桌，根据个人的使用习惯，放些常用的文具和书籍。

还有些高颜值的椅子和灯具，可以让你的床边变成一道美丽的风景线。

电视、电视柜

想要在卧室看电视,可以将电视机挂在墙上或者放在电视柜上。

如果将电视机放在电视柜上,一般电视柜进深要达到 400 mm,加上 600 mm 宽的活动区,以及 2000 mm 长的床,整个卧室的宽度至少需要达到 3000 mm。

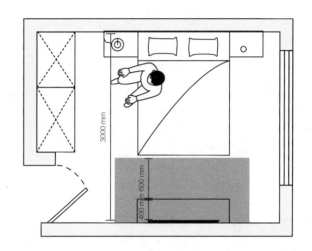

如果你的斗柜高度达到 800 mm 左右,也可以放在卧室作为电视柜。因为人卧躺在床上观看时,观看视角会比坐在沙发上高,而斗柜既可以承担收纳功能,还能满足观看角度。

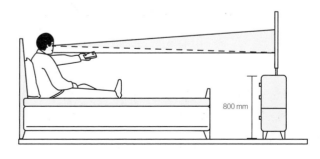

电视柜的存在,虽然可以为卧室增加一些收纳空间,但也会占据一部分活动空间。小卧室中不适用这种方案。

小贴士

挂墙上

如果卧室宽度不够，或者想留出更多的活动空间，电视机上墙的方式再好不过了。挂的高度和床的高度有关，按照在床上观看时视线与屏幕差不多垂直就可以了。

其实，不放电视，直接看 iPad 或者投影仪，是最节约空间的了……

梳妆台

放床边

对于宽度不够摆放梳妆台的卧室，可以将梳妆台直接摆放到床头旁，取代床头柜。这样的摆放方式不会对卧室动线造成影响。要放一个 700 mm 长的梳妆台，卧室长至少要达到 3100 mm。

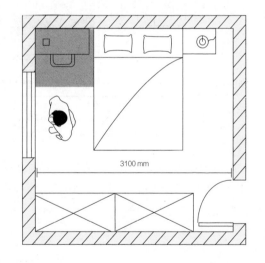

3100 mm

放床尾中间

按照床长 2000 mm，梳妆台进深 400 mm，端坐时椅子占用进深 500 mm，以及 600 mm 宽的活动空间需求，卧室的宽度至少要达到 3500 mm。如果达不到，这个地方就可以放弃了。

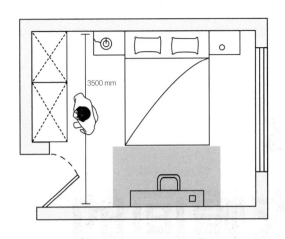

3500 mm

放床尾旁边

如果卧室宽度不足以让梳妆台摆放在床尾中间，也可以将其摆放在床角，但这样放可能会出现梳妆台右后方不能正常过人的情况。

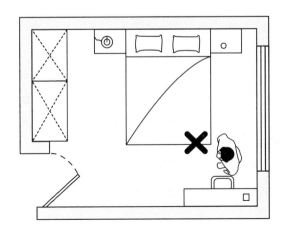

"衣帽间的 N 种玩法

我们做过一个小调查: "哪个房间是你最想要, 但是买来的房子里面却没有的?" 70% 的被调查者都说了同一个答案: 衣帽间。没错, 大家最迫切需求的就是一个衣帽间, 一个让生活幸福感满满的房间。

那衣帽间都有哪些常规尺寸呢? 如何在家里布局一个衣帽间呢?

07"

衣帽间一定要这样设计，
真是太好用了！

衣帽间应该是什么样子的？

我不知道我家能不能设计出一个衣帽间。

接下来就带你了解一下。

衣柜深度

衣柜是衣帽间的核心，甚至可以说，衣帽间就是一个由衣柜组成的房间。

衣帽间的衣柜深度和普通衣柜进深相同，都在 500 ~ 600 mm 这个范围。深度低于这个范围的衣柜，是没有办法好好收纳衣服的。

当然如果因为空间太小，没有办法布置常规衣柜，做深度小于 500 mm 的衣柜也是可以的，其实一个纵向衣杆也能解决挂衣的问题。

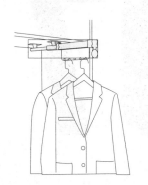

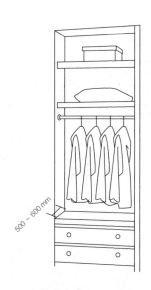

500 ~ 600 mm

衣柜高度

相比于卧室的衣柜，衣帽间的衣柜建议做成直接到顶的。这种一般都是由全屋定制完成或者由木工现场制作，需要根据现场的实际尺寸进行测量、安装。

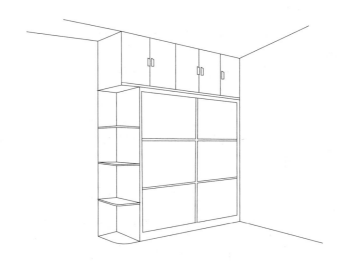

小贴士

一门到顶的柜子对门板的要求很高，如果单个门板高度超过 2.4 m，则需要在门板上设置拉直器，避免后期变形。

岛台型收纳

如果你的衣帽间有足够的空间，可以在衣帽间中间设置一个岛台型的收纳柜。他的长度和深度没有特定的尺寸，不过不宜太小。太小的话，没有太大的意义，抽屉也不好安装。

至于这种岛台的高度，建议设置为 800 mm，这样可以更好的作为收纳、整理衣物的工作台。还可以将这种岛台设置成一个梳妆台，原理和厨房的岛台类似。在一侧留出空间，放置凳子即可。

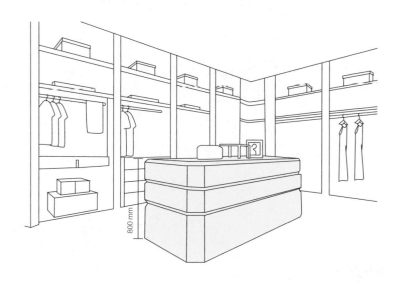

开放式的衣帽间

这几年还有一种形式的衣帽间非常流行，那就是开放式的衣帽间。这种衣帽间不做任何柜体，在墙上直接设置收纳架，外部可以用软帘隔断或用推拉门隔开。这种开放式衣帽间的形式也可以运用到一些其他物品的收纳上，一般在空间极度紧张的情况下使用。

衣帽间布局

那我家适合什么样的衣帽间？

其实衣帽间的布局有很多种，让我们来分析一下你家适合哪种吧！

根据不同的衣帽间尺寸，可以有如下几种设置方式。

一字形

只要空间深度超过 1.8 m，便能将其打造成一个单独的一字形衣帽间，但是这种衣帽间和单独的一排衣柜并无区别。这种衣帽间只是将空间相对独立出来，并不能让人有很好的体验。

二字形

更加合理的衣帽间设置是二字形的，这也是在中小户型中经常看到的。这种衣帽间，需要保证空间宽度不小于 2400 mm。中间留够 1200 mm 宽的通道，这种中间的通道，需要比我们普通的通道大一点，因为人在里面需要做很多的活动，比如换衣服、收纳、整理等，并不是简单地用于通行。

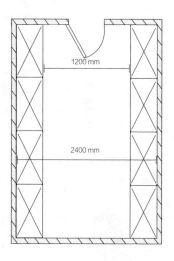

小贴士

如果衣帽间很大，但很狭长，这种二字形的衣帽间形式也是可以采用的。需要注意收纳的顺序，将衣物归类并按不常用的收纳物品、换季的衣帽、特殊场合衣物、应季衣帽的顺序进行收纳哦。

L 形

L 形的收纳设置因为有一个转角位置，收纳效率往往不如二字形的。这样设置，更多的是为了在另外一侧放置梳妆台或收纳其他常用的物品，比如挂烫机、烘干机等。

L 形的收纳设置，需要整个空间比较方正，但是对尺寸并没有太高的要求，2 m×2 m 的一个空间，就能做出一个 L 形的衣帽间哦。

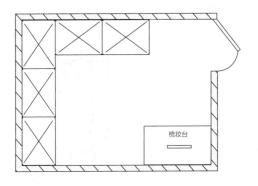

U 形

如果你的衣帽间是方正形的，而且还足够大的话，那最好设置一个 U 形的衣帽间。

U 形的衣帽间要有 3000 mm×3000 mm 以上的空间，保证中间至少留出 1800 mm×1800 mm 的范围。这个尺寸是最低标准，实际使用起来，中间留出 2000 mm×2000 mm 的空间更加合理。

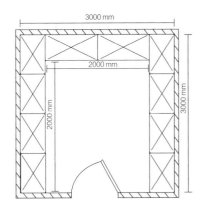

如果空间足够大，还可以考虑在中间设置一个衣帽间中岛。若设置衣帽间中岛，中间至少要有 2500 mm 的空距。中岛与衣帽需要有至少 700 mm 的通行距离。中岛也不宜太小，1200 mm×600 mm 是推荐的最小尺寸。

小户型里的步入式衣帽间

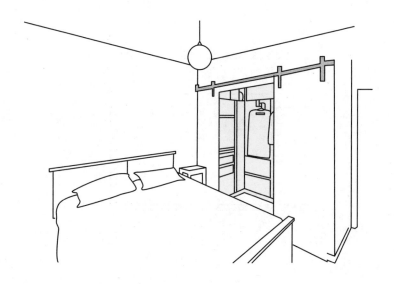

收纳设置为二字形和 U 形的衣帽间是比较常见的，如果家里的衣帽间比较小，还可以选择不留任何门板的设计，做成一个步入式的衣帽间。

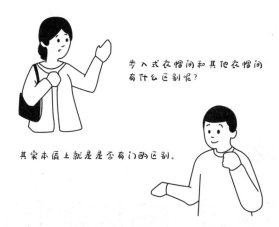

步入式衣帽间和其他衣帽间有什么区别呢?

其实本质上就是是否有门的区别。

这种步入式的衣帽间，可以直接拿取物品，适当减少需预留的通行尺寸。

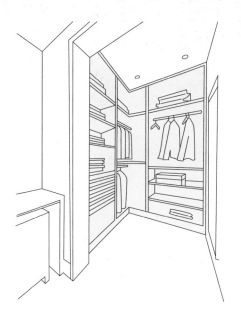

"
卫生间这样
布局更科学

你们是不是也在困扰："明明只想去卫生间洗个手，却被刚才洗澡留下的积水浸湿了脚，洗手台上也湿漉漉的。"为了解决这个问题，分离式的卫生间越来越受推崇，但是二分离、三分离、四分离布局那么多，我家适合哪一种呢？

08"

卫生间常用尺寸

这个区域是我家的卫生间啦！不知道该怎么去布局，可以帮帮我吗？

没问题，那就往下看吧！

洗漱区尺寸

洗漱区的宽度要在 700 ~ 900 mm 之间（贴完砖的净尺寸），这样才能保证使用的舒适性。具体尺寸可根据成年人的身材进行调整。单台盆的宽度在 600 mm 左右，台面距离地面在 800 ~ 850 mm 之间。如果面积允许，可以考虑双台盆，但是双台盆布局空间宽度尺寸至少达到 1300 mm。

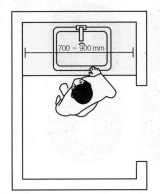

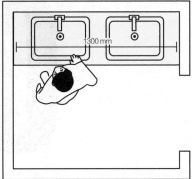

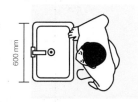

浴室柜

浴室柜的柜体尺寸通常情况下为：宽度在 610 ~ 1210 mm 之间，深度在 450 ~ 500 mm 之间，浴室柜台面距离地面高度在 800 ~ 850 mm 之间，高度可根据屋主的身高进行调整。

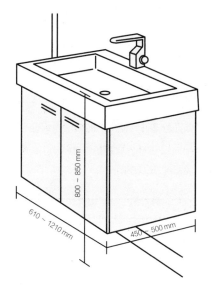

镜柜

镜柜的尺寸应该与浴室柜尺寸相协调。

镜柜的宽度一般是 600 ~ 1200 mm，高度在 600 ~ 800 mm，深度在 120 ~ 160 mm。

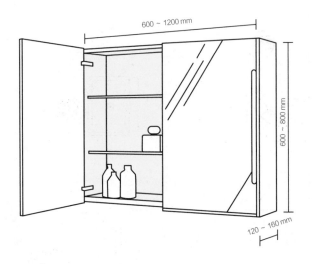

马桶区尺寸

为了保证舒适性，使用的时候没有局促感，马桶区的宽度一般为 850 ~ 900 mm。一般马桶尺寸为 400 mm×600 mm。前侧活动区宽度不少于 600 mm，两侧宽度至少保留到 150 mm。

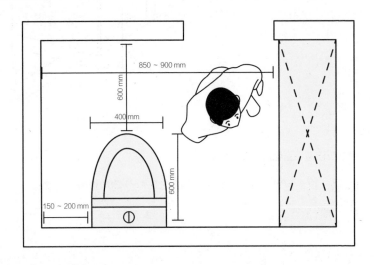

卷纸桶以及置物台面一类，建议设置在距离马桶前端 300 mm 左右的墙壁上，高度在 750 mm 处，方便拿取。

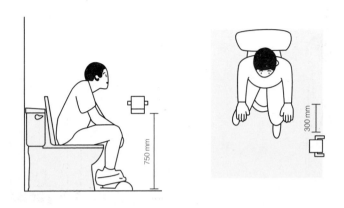

淋浴区尺寸

常见的淋浴房为一字形，也是局促感最低的淋浴房形状。要满足转身等动作的便利与舒适度，这种淋浴房的深度至少要达到 800 mm，加上贴砖和淋浴屏的厚度，在安装淋浴房前，建议多预留 50 mm。

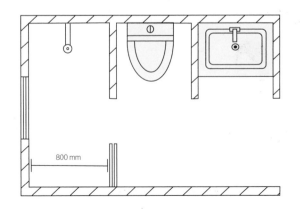

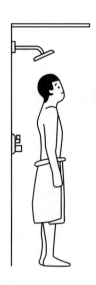

小贴士

淋浴区除了一字形，也可以做成扇形和钻石形，尺寸可以参考下图。

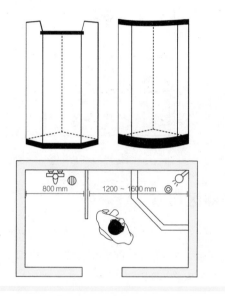

800 mm   1200 ~ 1600 mm

浴缸尺寸

我想要个浴缸，不知道我家能不能放得下呢？

那你要弄清楚以下的尺寸哦。

浴缸最小的外尺寸是 1000 mm×650 mm 左右，这种是坐式的（很少有人选，体验不好），如果想要舒服一点儿的半坐式，长要预留 1250 mm，躺浴式的长 1600 mm 左右。

市面上常见的浴缸尺寸为 1200 mm×650 mm 左右，大一点儿的在 1600 mm×800 mm 左右，加上淋浴区的进深 800 mm，淋浴房进深要至少要留 1600 mm，这样才有放置浴缸的可能。

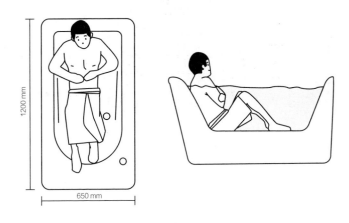

所以我们在规划自家卫生间时，预留的尺寸应当满足人体工程学的基本要求，使人在使用卫生间时感到舒适、便利。

卫生间正视图

洗漱台旁边应设置电源插座方便吹头发，高度建议在 1100 ~ 1200 mm 之间，具体高度根据屋主的身高来确定。洗手台面离完成地面距离在 800 ~ 850 mm 之间，淋浴器高度在 2000 ~ 2100 mm 之间，镜子距离完成地面最佳高度在 1400 ~ 1600 mm 之间。智能马桶的插座离地面 300 ~ 400 mm 高。

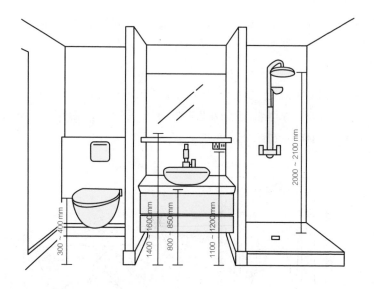

卫生间常见布局

我想要分离式的卫生间，到底该怎么
设计比较好呢？

一般都是采用二分离或者三分
离的布局，具体该怎么去规划
就看看下面的内容吧。

二分离

建议面积：不小于 $2\,m^2$，这是比较极限的尺寸。

分离方式：这种二分离的方式是最容易实现的，也是最常见的分离方式。主要是将淋浴区和马桶区、洗漱区分离。洗漱区和马桶区的位置可以互换。

布局参考：

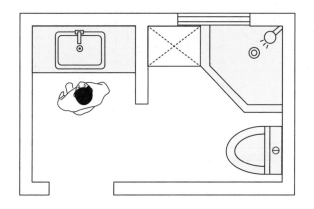

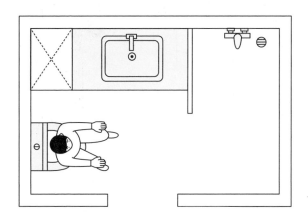

三分离

建议面积：≥ 5 m^2。

分离方式：将洗漱区、马桶区、淋浴区三个部分分离开。

布局参考：

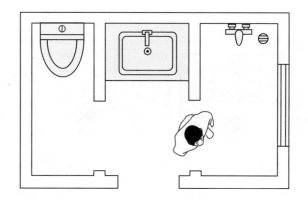

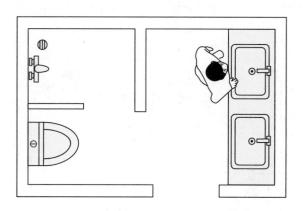

四分离

建议面积：$\geqslant 8\,\mathrm{m}^2$。

分离方式：将洗漱区、马桶区、淋浴区和洗衣区四个部分——分离。

优缺点：四个功能区可同时使用，互不干扰。完全做到了干湿分离，不会因为淋浴区的水雾打湿各个台面。除此之外，这种升级版的分离方式对于吹风机、马桶加热器等需要用电的区域更加安全友好，但是面积要求很高！

布局参考：

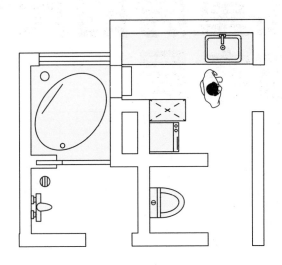

想要一个舒适、好看的卫生间并不难，只要弄清楚这些尺寸，并进行合理布局，卫生间就再也不会让你头疼啦！

"

儿童房的尺寸与布局

家里有个比较特殊的空间，在装修这个空间的时候，我们往往不会考虑它和整体的风格是否协调。这个空间，当它建成的时候，可以说是整个屋子里最有活力的一个房间，它就是儿童房，因为儿童有不断成长的特性，所以儿童房的布局要相对灵活些。

那么儿童房的桌椅该买多大的呢？床又该如何去选购？

09"

和孩子一起长高的家具

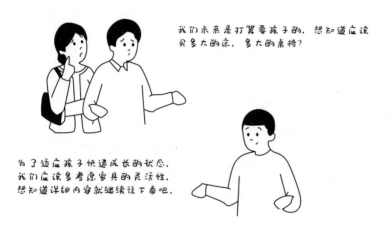

我们未来是打算要孩子的，想知道应该买多大的床，多大的桌椅？

为了适应孩子快速成长的状态，我们应该多考虑家具的灵活性，想知道详细内容就继续往下看吧。

婴儿床

幼儿期（3岁以下）

儿童床的长、宽、高尺寸分别为 1000 mm、300 mm、600 mm，此时床应加装护栏，护栏高度一般为 450 mm。

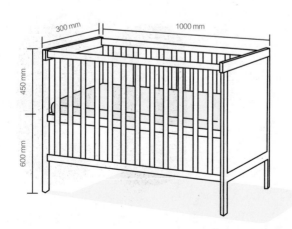

◎间隙

栅栏间隙在 45 ~ 65 mm 之间是较为安全的尺寸，这样可以防止婴儿的头部或躯干卡在栅栏的缝隙间。

◎床铺面

床铺面与旁板之间，以及床铺面与床之间的间隙不能超过 25 mm。若该尺寸过大，婴幼儿的手、足等肢体可能会被卡在床铺面及其两端与床之间的间隙中，造成安全隐患。

◎高度

婴儿床的护栏要有一定的高度，不能太低，床板和床头内高至少为 600 mm，床铺面的上侧面与旁板或床头上侧边的距离应至少为 300 mm，这样可避免婴幼儿坐起时翻出床外，发生意外事故。

儿童床

学龄前期（3 ~ 6 岁）

幼儿园阶段的孩子（3 ~ 6 岁），通常身高在 900 ~ 1200 mm 之间，儿童床的尺寸应为 1400 mm × 600 mm。

学龄期（6 ~ 12 岁）

小学阶段儿童的儿童床长不能低于 1600 mm，高度不低于 500 mm，宽度不低于 1000 mm。

青春期（12 ~ 17 岁）

青春期阶段孩子的床可参照成人床考虑，铺面净长一般为 1920 mm，宽有 800 mm、900 mm、1000 mm 三个标准。

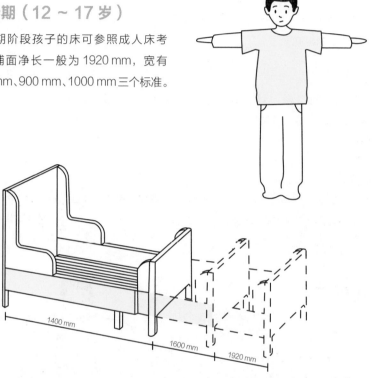

小贴士

家里有多个小朋友的家庭，可以考虑购置高低床，高床不管小朋友在哪个年龄段都需要加装扶手护栏哦。

桌椅

由于儿童长身体的速度非常快，所以建议选购可调节的桌椅，这样可以避免频繁地更换。

桌子可调节高度在 550 ~ 800 mm 之间。

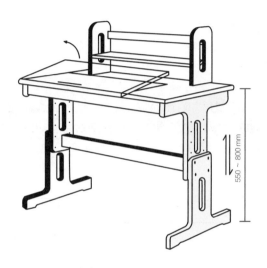

椅子的可调节高度为
300 ~ 400 mm。

灵活度更高的布局

如果在儿童房内去刻意地布局，那就丢失了"灵活"的意义。为了儿童从小到大的收纳，建议做通顶的柜子，这样能够满足以后多年的收纳需求。

少量定制

儿童房可以优先设置一些好更换的家具，以便后期的更换。在后期不好改动的东西，比如硬装、定制柜子，要慎重选择。

尊重小孩思维

孩子的成长是一个动态的过程，设计房间时也要更多地去贴合这个动态。可以适当询问一下小朋友的意见，有些小朋友会有自己的一些想法，在他认知没有完全定型时，也需要适度地采纳他的意见。

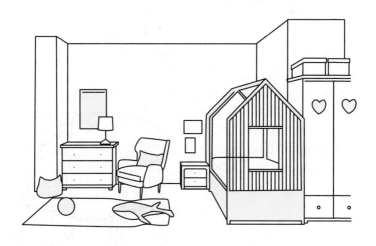

设置亲子空间

从实际使用上来说,很少会有小孩子独立在房间内学习,阅读,因此有必要在儿童房外,设置一个亲子空间。这个空间可以是过道改造的, 可以是一个开放式的书房, 还可以是打通的开放的卧室。应争取打造出一个能让大人与孩子一起成长的亲子空间。

儿童房的设计不仅仅要考虑儿童房的布置，还要从小孩子成长的角度去通篇考量。

"

家装魔法，让鸡肋空间瞬间变身

每个人的家里都有一个这样的空间，可能就 1 m²，放家具的话太小，空置着不但落灰还浪费。我们通常把这样的空间叫作"鸡肋空间"，其实鸡肋空间只要利用得好，就能让你眼前一亮，成为房间里最抢眼的一个小角落。

10"

没有鸡肋的空间，只有玩不好的设计

我家有一个大概 1m² 的空间，但是我不知道用作什么？
五位数的房价，空置着又太浪费了！

其实有很多妙用的！
只要用得好就会非常出彩哦。

洗衣区

洗衣机

普通滚筒洗衣机的尺寸一般为 600 mm × 600 mm × 850 mm，但是一定注意在预留洗衣机区域的时候，在洗衣机的侧面和顶部多预留 100 mm。这样做一是为了方便挪动洗衣机，二是可以避免洗衣机在工作的过程中因震动而导致墙体和柜体磨损。

洗手台

洗手台的高度一般是在 700 ~ 800 mm 之间，具体尺寸要看屋主的实际身高。而洗手台的宽度要根据洗衣区的空间来定，一般来说一个洗手盆的宽度为 500 ~ 600 mm。

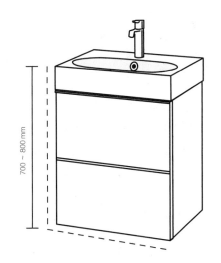

洗衣机 + 烘干机

并排放置

洗衣机和烘干机并排放置的话，大概需要预留 1200 ~ 1210 mm 的宽度，深度和高度都参考洗衣机的尺寸。

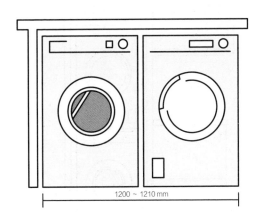

叠放

洗衣机和烘干机叠放是最不占空间的一种放法了，如果是同系列的，可以直接叠放
上去，高度在 1800 mm 左右，别忘了在顶部预留 100 mm 的距离。

如果不是买的同一系列的洗衣机和烘干机，尺寸又不一样，不好直接叠放固定的话，
可以选择购买置物架，或者在柜子里面做搁板，这样也可以进行叠放。

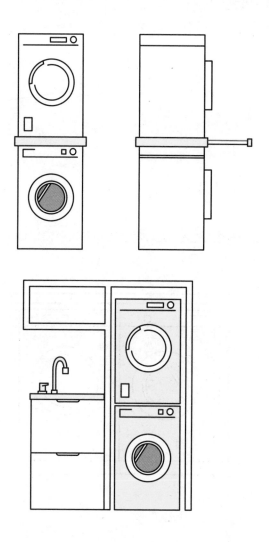

挂壁式洗衣机

挂壁式洗衣机的尺寸一般为
600 mm×500 mm。

注意在安装挂壁式洗衣机时，必须
要挂在承重墙上，并且墙体里没有
保温层。

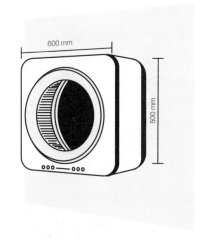

墙面

搁板

其实墙才是最大的"鸡肋空间"，如果可以，许多人甚至想把家里所有的墙都利用上。
想要把东西放上墙，就要请搁板出场。利用搁板收纳物品，既美观又实用。

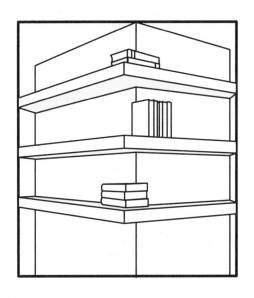

折叠桌

你听说过"桌子上墙"吗？如果实在没有地方放书桌的话，那么固定在墙上的折叠桌就是最好的选择。用的时候放下来，不用的时候折叠起来，丝毫不占地方。

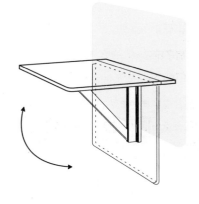

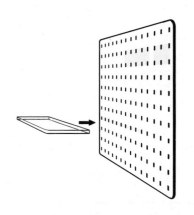

洞洞板

洞洞板是一件利用率非常高的收纳神器。因为上面有很多小洞洞，所以叫洞洞板。在洞洞板上你可以放任何东西，也可以自己组合搁板或者是挂上挂钩，放在哪个区域都可以成为一件好看又实用的收纳工具。

扶梯间

储物

楼梯下这个空间虽然小，但是如果没有好好利用，不但影响美观还浪费空间。大多数人都会将它打造成一个储物空间，既美观又实用。

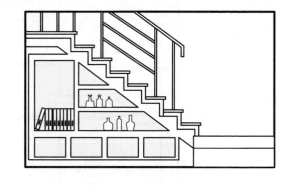

迷你书房

谁说房子不够大就不配拥有书房了？将鸡肋空间好好利用起来，完完全全能打造一个迷你小书房，坐一个人妥妥的。

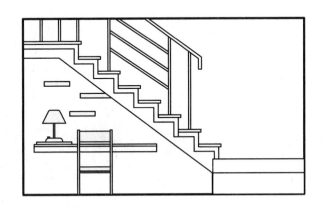

夹缝

如果在装修的时候没有预留好尺寸，就有可能会多出一些极其尴尬的区域，这些区域真的是强迫症所不能忍受的！空着落灰，不好打扫，并且有时候掉东西进去还不好捡，用来进行储物再好不过啦。

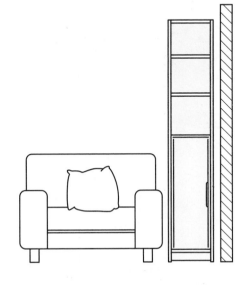

转角

转角衣帽间

想利用转角空间的话，向你推荐转角组合柜，它能解决你的储物需求。若将两面墙的空间百分之百地利用起来，还在视觉上增加了房间的结构和层次感。

转角储物柜

墙角的三角区域很容易被浪费，若用来放置绿植，就会损失一部分储物空间，不如打造这样的三角储物柜，既能储物，又能对空间起到装饰作用。

巧妙收纳

飘窗

飘窗的尺寸

飘窗一般高 400 ~ 500mm，450 mm 的居多，至于深度通常是在 650 ~ 800 mm 之间，长 1800 ~ 2000 mm，因为楼盘的不同和户型的差异，飘窗的尺寸也会有所差异。

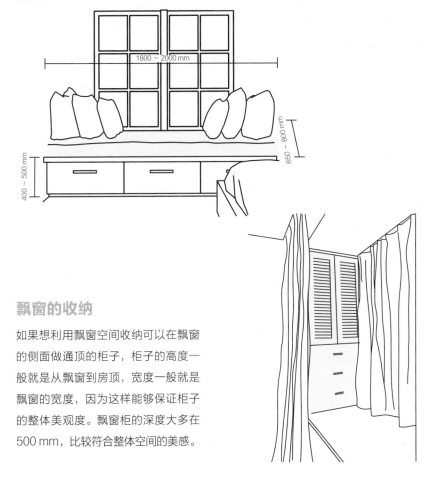

飘窗的收纳

如果想利用飘窗空间收纳可以在飘窗的侧面做通顶的柜子，柜子的高度一般就是从飘窗到房顶，宽度一般就是飘窗的宽度，因为这样能够保证柜子的整体美观度。飘窗柜的深度大多在 500 mm，比较符合整体空间的美感。

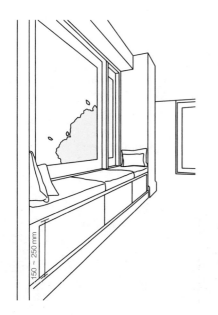

150 ~ 250 mm

条件允许的话还可以在飘窗下面做储物抽屉，抽屉的深度建议在 400 ~ 600 mm 之间，高度根据飘窗的高度来定，一般为 150 ~ 250 mm，宽度根据飘窗的宽度和最终想做几个抽屉来决定。

还可以将飘窗打造成卡座休闲区域，只需要在上面放上垫子和抱枕，或者再摆一个小小的茶几，也能成为空间一道别样的风景线。

浴室壁龛

浴室壁龛的深度建议在 100 ~ 150 mm 之间，太浅的话放置不了大瓶的洗护用品，太深的话会影响美观度，拿取也不方便。壁龛的高度根据自己的需求来定，但是大瓶的洗护用品加上按压嘴的高度一般在 300 mm 以上，所以壁龛的高度最低不能低于 400 mm。壁龛的宽度要根据自己的实际需求和浴室的墙面宽度决定。

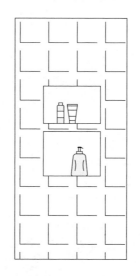

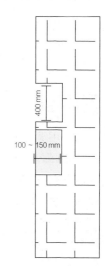

400 mm

100 ~ 150 mm

清洁工具收纳柜

清洁工具收纳柜建议做到顶，如果没有专门的清洁工具收纳柜，需要打造一个壁龛或者定制一个工具收纳柜的话，至少要留出 1500 mm 左右的高度，一般吸尘器的高度大概在 1200 mm，普通的拖把高也有 1300 mm 左右。收纳的深度至少要 300 mm，这样才足以放得下，收纳柜的宽度则要根据实际情况和个人收纳需求来定。

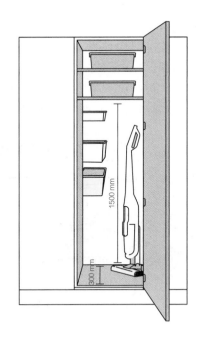

床下抽屉柜

抽 屉 的 深 度 一 般 为 400 ~ 500 mm，高度要根据床的高度来确定，偏差如果太大的话会不好看。一般来说 2 m 的床，侧面可以做两三个抽屉。如果做 3 个的话，每个抽屉的宽度大概是在 600 mm，做 2 个的话，每个抽屉的宽度大概是在 900 mm。

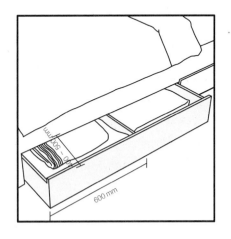

橱柜

收纳餐具、锅具的橱柜抽屉是重点。放置刀叉、汤匙的抽屉，建议做成高80 ~ 150 mm 的方便拿取的空间，并搭配分格工具，便于分类收纳。至于大型锅具，则可放在底层抽屉，该层抽屉建议做成高度为 500 mm 的。

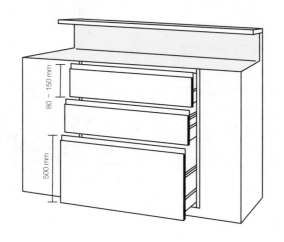

如果橱柜空间不够，或家里锅具太多，也可以购买置物架来放锅具，置物架的层高在 250 ~ 500 mm，深度在 350 ~ 400 mm。不锈钢耐用且易清洁，是首选的材质。

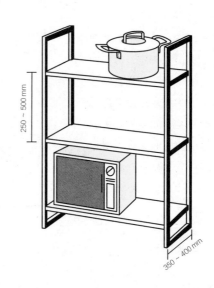

如果瓶瓶罐罐的调味料不能置于台面，不妨在灶台下（旁）打造窄宽度的侧拉篮，既利用了"畸零地"，也创造了贮藏空间。至于侧拉篮的宽度建议做成 300 mm 左右的，600 mm 进深的橱柜，拉篮可做成 450 mm 的。

夹缝抽屉柜

在一些特殊地方，还可以巧妙地设置一个抽拉柜子，抽拉柜的宽度最小可以是 140 mm，高度和深度可以根据自己的实际需求来决定。

内凹台面

只需要把中岛的台面增加 200 mm，就可以得到一个绝妙的收纳空间，并且拿取方便，内凹的深度大概在 150 mm，足够放置那些调味的瓶瓶罐罐了。

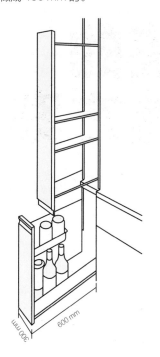

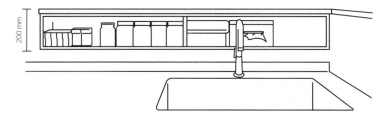

"
值得借鉴的
户型改造方案

讲了这么多关于尺寸的推演，接下来我们看看具体操作上，都有哪些优良的户型改造案例可以借鉴吧。

户型改造，顾名思义就是在现有的空间条件下，对不合理的布局进行改造，从而满足居住者的需求。户型改造，需要根据室内常规物品的尺寸进行推演，再加上设计师的巧思，让你的房子更适合你。

11"

用鸡肋的过道，
换来一个家庭核心区域

 上文讲过，人的最小通行距离是800mm，如果家里有一个过道，并且多了一个卧室的话，可以借鉴这个户型的改造方案哦。

过道还能被利用起来吗？该怎么做呢？

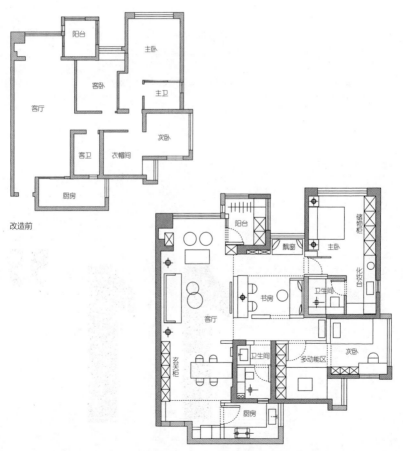

改造前

改造后

看，牺牲一部分客卧空间，在客厅背后打造一个家庭核心空间，可以将其当作亲子空间、阅读角、临时办公场所。

啊！原来是把过道变成了一个整体的空间啊。

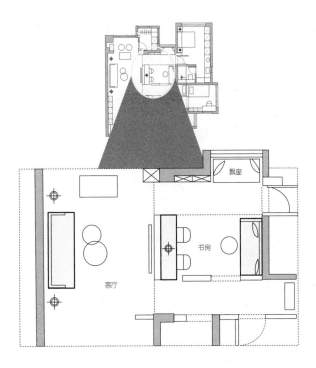

这样是不是家里还多了一个迴游动线，在空间变大的同时，动线也变得合理了。

没错，只要保证人的通行距离在800mm，稍稍改变一下户型格局就能让整个空间变得更加合理。

因为修改了过道的位置，所以我们对主卧的开门位置也进行了调整。

我看懂了，还把洗手池放在了卫生间外面，实现了干湿两区的分离。

你还发现了什么改变吗？

主卧好像多了一排柜子呢。

没错，因为进门位置改变之后，主卫和床分开来，面对床的一侧，就可以放下一面墙的柜子，并且不会影响动线。

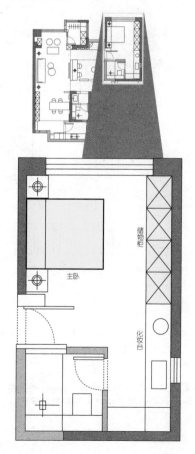

"砸墙"也能让空间焕然一新

墙壁多的户型真的挺不好的，阻隔多，每个空间的利用率小。有什么好办法吗？

改变墙体是大家都能想到的，有目的的改变，让空间变得更合理，才是关键哦。

注：承重墙是房屋的重要结构，旧房改造时一定要注意，承重墙千万不要乱拆！

改造前

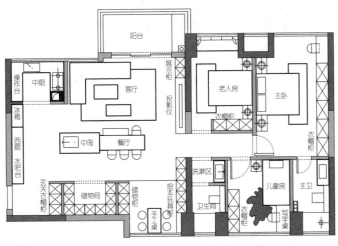

改造后

哇，这个户型的墙壁真的太多了。改造之后，整个感觉都不是一个房子了呢。

 的确是同一个户型哦，将入户之后没用的墙壁砸掉，相当于重新设计了整个客厅、餐厅。

之前讲过的中西厨、岛台、非传统客厅，在这个户型都可以实现。

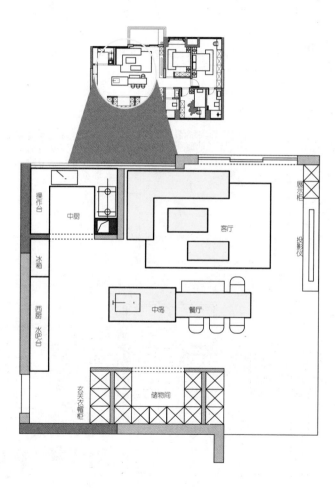

不但如此，我看到还在客厅设置了一个U形的储物间呢。

没错。这种尺寸不大的储物间，可以参考之前讲的衣帽间设计，采用步入式的，会更加合理哦。

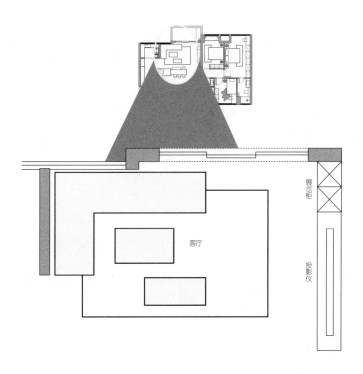

这样的非传统客厅，可以让家人更好地在一起交流互动。改变了传统客厅摆放三大件（沙发、茶几、电视）的做法。

客厅这样做，有客人来时，再也不用傻傻地坐在沙发上看电视了。

双核公共空间，
给孩子打造一个有爱的家

有没有小户型的精巧改造，可以给我们分享一下的？

来，看看这个关于亲子空间的妙思吧。

改造前

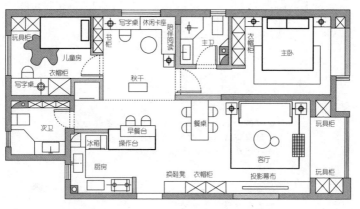

改造后

我们用一个闲置的客卧，换来一个亲子空间，还调整了入户的空间。

让家里的核心区域，不再仅仅局限在一个客厅里。

哇，这个亲子空间刚好连接了主卧和儿童房，

动线上看着一下子就开阔了很多。

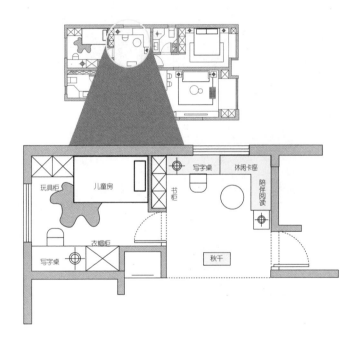

还有厨房、餐厅也完全被重新设计过了呢。现在是一个开放式厨房吗？

是的，原来的空间很小，过道的空间被完完全全地浪费掉了。这样打开来，在过道放置洗衣机、烘干机，一点儿也不会浪费空间哦。

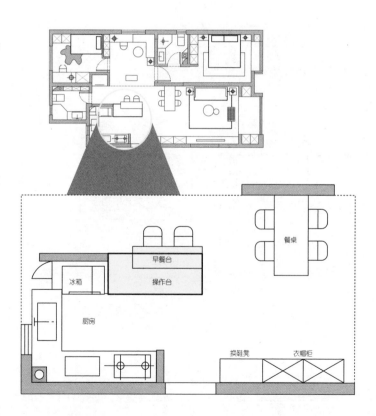

因地制宜的小改造，
让生活更加便利

最后我们还想给大家分享一个居住人口
比较多的大户型改造案例。

好呀好呀！

改造前

改造后

乍一看这个户型，相比之前的几个，并没有太大的结构性改造呢。

没错，户型改造并不一定是大刀阔斧的，也有因地制宜的小改造哦。

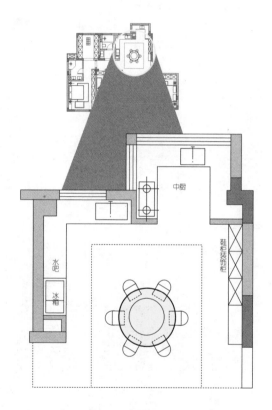

这个厨房的设计，是非常标准的中西厨呢。

而且就像之前提到过的，当用餐人数比较多的时候，我们会建议大家考虑圆桌哦。

圆桌更好夹菜，更符合中国人的用餐习惯呢。

这样也把原本很鸡肋的小阳台利用起来了，空间一下子就变大了很多。

在这样的大餐厅用餐，一家人一起吃饭一定很香吧。

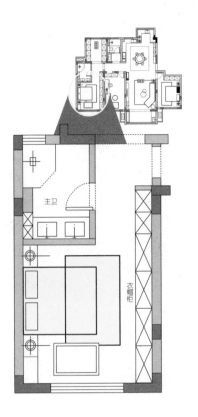

 剩下的比较大的改造，就是主卧了。原来的墙体实在不合理，设计师根据布局尺寸和人最小通过空间，重新规划空间。

这样不仅仅可以在主卧设置长长的一排柜子，还可以有
双盆的卫生间了。